Stephan Eckhardt

Trajektorienfolgeregelung für aktive magnetische Lager und Führungen ausgewählter spanabhebender Werkzeugmaschinen

TUD*press*

Stephan Eckhardt

Trajektorienfolgeregelung für aktive magnetische Lager und Führungen ausgewählter spanabhebender Werkzeugmaschinen

TUDpress

2015

Die vorliegende Arbeit wurde am 18. Dezember 2013 an der Fakultät Elektrotechnik und Informationstechnik der Technischen Universität Dresden als Dissertation eingereicht und am 18. Dezember 2014 erfolgreich verteidigt.

Vorsitzender: Univ.-Prof. Dr. techn. K. Janschek

Gutachter:
Prof. Dr.-Ing. Dr. rer. nat. K. Reinschke
Univ.-Prof. Dr.-Ing. W. Hofmann

Bibliografische Information der Deutschen Nationalbibliothek
Die Deutsche Nationalbibliothek verzeichnet diese Publikation in der Deutschen Nationalbibliografie; detaillierte bibliografische Daten sind im Internet über http://dnb.d-nb.de abrufbar.

Bibliographic information published by the Deutsche Nationalbibliothek
The Deutsche Nationalbibliothek lists this publication in the Deutsche Nationalbibliografie; detailed bibliographic data are available in the Internet at http://dnb.d-nb.de.

ISBN 978-3-95908-022-4

Verlag der Wissenschaften GmbH
Bergstr. 70 | D-01069 Dresden
Tel.: 0351/47 96 97 20 | Fax: 0351/47 96 08 19
http://www.tudpress.de

Gesetzt vom Autor.
Printed in Germany.

Vorwort

Die vorliegende Arbeit entstand während meiner Tätigkeit am Institut für Regelungs- und Steuerungstheorie (RST) der Technischen Universität Dresden und der anschließenden Zusammenarbeit mit Industriepartnern. In der Zeit am RST habe ich an der Weiterentwicklung und der Anwendung magnetisch gelagerter Spindeln gearbeitet. Die anschließenden Industriekooperationen befassten sich hauptsächlich mit der industriellen Anwendung magnetisch gelagerter Spindeln und der Entwicklung magnetischer Führungen.

Herr Prof. Dr.-Ing. Dr.rer.nat. K. Reinschke hat mich während des gesamten Promotionsvorhabens unterstützt. Durch seine sehr geduldige und ermutigende Betreuung und sein großes Verständnis für die meiner Selbständigkeit geschuldete Belastung ist diese Arbeit erst möglich geworden. Hierfür und für das mir entgegengebrachte Vertrauen gilt ihm mein größter Dank. Für die Bereitschaft zur Mitarbeit in der Promotionskommission danke ich Herrn Prof. Dr.techn. K. Janschek, Herrn Prof. Dr.-Ing. M. Beitelschmidt und Herrn Prof. Dr.-Ing. W. Hofmann, dem ich zudem für die kritische Begutachtung danke.

Die Tätigkeit von Herrn Prof. Dr.-Ing. habil. J. Rudolph während seiner Zeit in Dresden bildete die fachliche Grundlage zu dieser Arbeit. Ich möchte ihm hiermit vielmals danken, da seine stets vorhandene Gesprächsbereitschaft wesentlichen Anteil am Gelingen dieser Promotion hatte. Unsere Kooperationen mit Industriepartnern ermöglichte die Lösung von technologisch und wissenschaftlich anspruchsvollen Aufgaben aus der industriellen Praxis. Mit Herrn Dr.-Ing. J. Thiele (Axomat GmbH) konnte ich an praktischen Anwendungen der magnetisch gelagerten Spindel zusammenarbeiten. Die langjährige Entwicklung einer magnetischen Führung für Bandsägeblätter mit der Esterer WD GmbH wurde durch Herrn Prof. Dr.-Ing. H. Dietz geleitet, der nicht nur die Grundidee dazu hatte, sondern auch im Rahmen vieler Fachgespräche wesentlich zur praktischen Realisierung beigetragen hat.

Meinen Kollegen am RST, besonders meinem langjährigen Bürokollegen Dr.-Ing. F. Woittennek, Herrn Dr.-Ing. J. Winkler, Herrn Dr.-Ing. J. v. Löwis und Herrn Prof. Dr.-Ing. habil. Dipl.-Math. K. Röbenack, möchte ich herzlich für die zahlreichen fachlichen und persönlichen Gespräche danken. Zudem danke ich Herrn Dipl.-Ing. C. John und den Mitarbeitern der Fakultätswerkstätten für die erhaltene Unterstützung. Schließlich möchte ich meinen Eltern für Ihr Interesse an und Ihre Ermutigung zu meinem Promotionsvorhaben herzlich danken. Ein besonderes Dankeschön gilt meiner Partnerin für ihre Geduld, ihre Unterstützung und die Entbehrungen, die sich für sie und unsere Kinder aufgrund meines Promotionsvorhabens ergaben.

Dresden, Juli 2015 Stephan Eckhardt

Inhaltsverzeichnis

Kapitel 1

Einleitung

Elektromagnetische Aktuatoren finden in der industriellen Praxis vielseitige Anwendung. Beispielsweise bei Ventilen, in Spannzeugen oder bei Hebezeugen werden Elektromagnete als Betätigungsantrieb verwendet. Es gibt aber auch spezielle Anwendungen, bei denen Elektromagnete zum Lagern oder Führen beispielsweise von Rotoren eingesetzt werden. In den meisten Fällen wird dabei ausgenutzt, dass die magnetische Lagerung berührungslos arbeitet und somit kein mechanischer Verschleiß auftritt. Dadurch kann auf Schmiermittel bei der Lagerung verzichtet werden. Aufgrund dessen werden magnetische Aktuatoren unter anderem zur Lagerung von schnell rotierenden Teilen, bei Anwendungen in Reinräumen oder im Vakuum eingesetzt. Zudem bieten aktive magnetische Baugruppen die Möglichkeit, auf der Basis von Messwerten und Stellgrößen eine Prozess- oder Gerätediagnose durchzuführen. Im Fall spezieller Anwendungen wird der Spalt zwischen dem zu lagernden Teil und dem Magnetstator benutzt, um besondere Anforderungen bezüglich der Funktion zu erfüllen. Diese Arbeit konzentriert sich auf derartige Anwendungsfälle und beleuchtet die Besonderheiten bezüglich der Modellbildung und Regelung. Zum einen wird die Bahnfolge einer Bearbeitungsspindel in der spanenden Fertigung, zum anderen das Führen eines Bandsägeblatts vorgestellt.

Bei den magnetischen Aktuatoren wird grundsätzlich zwischen aktiver und passiver Bauweise unterschieden. Die passiven Magnetlager sind so aufgebaut, dass die gewünschte Lagerfunktion ohne Messung und ohne einen äußeren Stelleingriff erreicht wird. Bei aktiven Magnetlagern wird mindestens der Strom durch eine Spule genutzt, um die am zu lagernden Teil angreifende Magnetkraft einzustellen. Meist wird dafür eine Positionsmessung benötigt, aus deren Messwerten die Sollwerte für die Spulenströme berechnet werden. Im Rahmen dieser Arbeit wurden ausschließlich aktive magnetische Aktuatoren studiert. Für den Entwurf der Regelungsalgorithmen werden geeignete Modelle des Verhaltens der Magnetlager verwendet. Es gibt zahlreiche Varianten, Magnetlager aufzubauen. Unter anderem in [2] werden verschiedene Bauarten vorgestellt. Oft werden nur Elektromagnete verwendet, bei sogenannten Hybridlagern werden diese mit Permanentmagneten kombiniert. Bezüglich der Anzahl und der räumlichen Anordnung der Magnetpole sind eine Vielzahl von Varianten bekannt. Die magnetischen Aktuatoren, die bei den in dieser Arbeit untersuchten Anwendungsfällen verwendet werden, sind rein elektromagnetisch.

In [16] wurde für die Lageregelung mit aktiven Magnetlagern eine flachheitsbasierte Regelung vorgestellt. Diese zeichnet sich dadurch aus, dass bei der Ansteuerung der Magnetlager ein Modell des Stromstärke-Positions-Kraft-Zusammenhangs expliziet verwendet wird. Dadurch erreicht man besseres Verhalten der magnetischen Lagerung, gerade bei gewolltem Auslenken des zu lagernden Teils. Zudem entsprechen in der Regelung verwendete Systemgrößen, wie bspw. Kräfte oder Beschleunigungen, gut den tatsächlich auftretenden, was die Prozessdiagnose erleichtert. Dabei gilt jedoch: Je besser das verwendete Modell das tatsächliche Verhalten abbildet, um so besser ist das Regelungsverhalten und um so besser stimmen die internen Systemgrößen mit der Wirklichkeit überein.

Im ersten Kapitel der Arbeit wird die mathematisch-physikalische Beschreibung der Kraftentstehung im Magnetfeld wiederholt. Der Fokus liegt dabei auf der Betrachtung einer Grenzfläche zwischen unterschiedlich permeablen Materialien, die von einem Magnetfeld durchdrungen wird. Der Maxwellsche Spannungstensor bietet dafür eine bewährte Möglichkeit, die auftretenden mechanischen Spannungen zu beschreiben. Zur Analyse der räumlichen Feldverteilung innerhalb des Magnetkreises werden Netzwerkmethoden vorgestellt. Mit deren Hilfe ist es möglich, ausgehend von dem konstruktiven Aufbau beispielsweise eines Magnetlagers eine mathematische Beschreibung des Zusammenhangs zwischen der Stromstärke, der Größe des aktuellen Luftspalts und den magnetischen Flüssen zu erhalten. Diese Beschreibung kann einerseits dazu verwendet werden, die daraus resultierenden Kräfte zu ermitteln, andererseits, um ein Modell des Strom-Spannungs-Zusammenhangs herzuleiten.

Bereits in [17] und [28] wurden die Modellbildung, der Reglerentwurf und eine Auswahl von Messergebnissen einer magnetisch gelagerter Spindel mit vierphasigen elektromagnetischen Radiallagern gezeigt. Diese Arbeit baut darauf auf, stellt jedoch anwendungsspezifische Fragen in den Mittelpunkt. In [20] schlägt der Autor eine magnetisch gelagerte Hauptspindel für das Unrundausdrehen vor und diskutiert diese ausführlich. Im Rahmen dieser Arbeit wird eine magnetisch gelagerte Spindel zur spanenden Unrundbearbeitung von Motorkolben eingesetzt, wobei die in [17] und [28] vorgestellten regelungstechnischen Methoden zum Einsatz kommen. Beim Unrundausdrehen soll die magnetisch gelagerte Spindel mit Hilfe der Magnetlager synchron zur Rotation auf einer vorgegebenen Bahn bewegt werden, um die Bolzenbohrung in einem Motorkolben entsprechend der Formvorgabe zu bearbeiten. Für die verwendeten dreiphasigen, rein elektromagnetischen Radiallager werden unterschiedliche Modelle für den Stromstärke-Positions-Kraft-Zusammenhang hergeleitet und mit Messergebnissen eines Magnetlagers verglichen. Darauf aufbauend wird eine flachheitsbasierte Lageregelung entworfen, bei der die explizite Verwendung der Modelle eine Kombination aus Vorsteuerung und Folgeregelung ermöglicht. Für die Verbesserung des Folgeverhaltens werden unterschiedliche Algorithmen hergeleitet, die zur Rekonstruktion und schließlich zur Kompensation von Störbeschleunigungen verwendet werden. Die hier vorgestellte magnetisch gelagerte Spindel hat unter realen Produktionsbedingungen gezeigt, dass mit den hier vorgestellten Regelungsalgorithmen hohe Genauigkeitsanforderungen erfüllt werden. Dies wird anhand von Messergebnissen im Leerlauf der Spindel, jedoch auch anhand von Bearbeitungsergebnissen gezeigt.

Als ein zweites Anwendungsfeld magnetischer Aktuatoren in der industriellen Praxis wird eine magnetische Führung von Bandsägeblättern präsentiert. Dabei soll mit Hilfe der magnetischen Aktuatoren das seitliche Verlaufen eines Bandsägeblatts minimiert werden. Die dazu beiderseits des Sägeblatts montierten Elektromagnete ziehen das Sägeblatt entgegen der erfassten Verlaufsrichtung, um so eine bessere Schnittqualität und/oder höhere Vorschubgeschwindigkeiten zu realisiseren. Das Verhalten der Elektromagnete wird mit Hilfe von Netzwerkmodellen beschrieben, wobei Streuflüssen durch zusätzliche Netzwerkelemente und Sättigungserscheinungen durch eine Approximation der nichtlinearen Magnetisierungskennlinie berücksichtigt werden. Die hier vorgestellte magnetische Führung wurde im Rahmen der Industrieerprobung in Sägewerksmaschinen eingebaut. Dabei wurden von den zumeist vier Bandsägen einer Maschine nur zwei mit magnetischen Führungen ausgerüstet, was den direkten Vergleich zwischen der herkömmlichen mechanischen und der aktiven magnetischen Führung erlaubte. Dieser demonstriert anschaulich die mit dem aktiv magnetischen Blattführungssystem erreichte wesentliche Verbesserung der Schnittgenauigkeit. Das Verhalten der magnetischen Führung beim Schneiden eines Baumstamms wird mit Hilfe von Messchrieben gezeigt und erklärt.

Kapitel 2

Grundlagen der Modellierung von Magnetkreisen

Zur Modellierung von Magnetkreisen, im speziellen bei der Modellierung von Magnetlagern, werden einerseits Methoden zur Beschreibung der Kraftentstehung, andererseits eine Beschreibung des Magnetfeldes hinsichtlich der räumlichen Feldstärkeverteilung und der räumlichen Flussdichteverteilung benötigt. Moderne Computerwerkzeuge bieten die Möglichkeit, die Feldverläufe und daraus resultierende mechanische Spannungen in einem Magnetlager zu berechnen. Dabei kommen meist Finite-Elemente-Methoden (FEM) zum Einsatz. Die sich daraus ergebenden Modelle sind jedoch für einen Reglerentwurf kaum verwendbar, da deren Komplexität deutlich zu hoch ist.

Um für einen Reglerentwurf praktikable Modelle herzuleiten, müssen eine Vielzahl von Annahmen getroffen werden. Die Felder in Magnetlagern ändern sich im Vergleich zur Ausbreitungsgeschwindigkeit der Felder relativ langsam. Aus diesem Grund werden diese Magnetfelder als stationäre Felder betrachtet. Bereits in [31] und [21] wurden Methoden zur Modellierung von Motoren und ähnlichen technischen Einrichtungen, also auch für Magnetlager, gezeigt. In [11] sind der Entwurf, die Berechnung und die Regelung von magnetischen Reluktanzaktuatoren beschrieben, wobei die Anwendung bei sogenannten Shakern im Mittelpunkt steht. In Anlehnung an diese Veröffentlichungen sollen die für Magnetlager geeigneten Modellierungsmethoden nochmals vorgestellt werden, da diese in den folgenden Abschnitten zur Anwendung kommen.

2.1 Mathematische Beschreibung von Grenzflächenkräften im Magnetfeld

Aufgrund elektromagnetischer Felder können mechanische Kräfte erzeugt werden. Die Grundlage für die Beschreibung dieser Kräfte sind Betrachtungen bezüglich der im elektromagnetischen Feld gespeicherten Energie. Bereits 1884 hat John Henry Poynting[1] basierend auf den Maxwellschen Gleichungen den Energieerhaltungssatz auf elektromagnetische Felder verallgemeinert. Darauf basierend wird in [12] die Energie- und Impulserhaltung eines aus geladenen Teilchen und elektromagnetischen Feldern bestehenden Systems betrachtet. So kann unter der Annahme eines abgeschlossenen Systems und der Vernachlässigung von Verlusten, die zu einer Wärmeentwicklung führen, durch die Betrachtung der Änderung der gespeicherten Energie bzw. des Impulses auf verrichtete mechanische Arbeit geschlossen werden.

In der Spannungslehre der Mechanik wird üblicherweise ein Volumenelement in der Form eines Parallelepipeds ausgeschnitten, an dessen Außenflächen je eine Normalenspannung und die beiden Schubspannungen angreifen. Diese mechanischen Spannungen können zu einem Tensor 2. Stufe, dem sogenannten Spannungstensor zusammengefasst werden. Mit Hilfe der Betrachtung der Änderung der gespeicherten Energie bzw. des Impulses wird in [12] der Maxwellsche Spannungstensor in Komponentenschreibweise hergeleitet

$$T_{j,k} = \epsilon \left[E_j E_k + c^2 B_j B_k - \frac{1}{2} \left(|\boldsymbol{E}|^2 + c^2 |\boldsymbol{B}|^2 \right) \delta_{j,k} \right], \qquad j,\ k \in \{1,\ 2,\ 3\}. \tag{2.1}$$

Dabei sind $\delta_{j,k}$ das Kronecker-Symbol[2], c die Lichtgeschwindigkeit, $\boldsymbol{E}$ die elektrische Feldstärke, $\boldsymbol{B}$ die magnetische Flussdichte. Die Lichtgeschwindigkeit c lässt sich durch die Permeabilität μ und die Dielektrizität ϵ ausdrücken

$$c = \frac{1}{\sqrt{\epsilon\mu}}.$$

Für die hier im weiteren untersuchten Magnetlager genügt die Betrachtung des magnetischen Teils des Spannungstensors. Dieser kann gemäß Gl. (2.1) wie folgt geschrieben

[1] John Henry Poynting (englischer Physiker, hauptsächlich Elektrodynamik, 1852–1914) Der Poynting-Vektor, der Satz von Poynting und der Poynting-Robertson-Effekt sind nach ihm benannt.

[2] Das sogenannte Kronecker-Symbol $\delta_{j,k}$ ist wie folgt definiert: $\delta_{j,k} = \begin{cases} 1 & \text{falls } j = k \\ 0 & \text{sonst} \end{cases}$

werden:

$$\boldsymbol{T}_m = \begin{bmatrix} \frac{1}{\mu}B_1^2 - \frac{1}{2\mu}|\boldsymbol{B}|^2 & \frac{1}{\mu}B_1B_2 & \frac{1}{\mu}B_1B_3 \\ \frac{1}{\mu}B_2B_1 & \frac{1}{\mu}B_2^2 - \frac{1}{2\mu}|\boldsymbol{B}|^2 & \frac{1}{\mu}B_2B_3 \\ \frac{1}{\mu}B_3B_1 & \frac{1}{\mu}B_3B_2 & \frac{1}{\mu}B_3^2 - \frac{1}{2\mu}|\boldsymbol{B}|^2 \end{bmatrix}.$$

Die Terme in der Hauptdiagonale stehen für Normalenspannungen. Die Elemente der Nebendiagonalen stehen für Schubspannungen, die im Fall, dass die Achsen des Koordinatensystems zum Aufstellen des Tensors mit den Hauptrichtungen des Feldes zusammenfallen, Null sind. Entsprechend vereinfacht sich der Maxwellsche Spannungstensor bspw. im Fall, dass das Flussdichtefeld in die Richtung $(1,\ 0,\ 0)^T$ weist, zu

$$\boldsymbol{T}_m = \begin{bmatrix} \frac{1}{2\mu}|\boldsymbol{B}|^2 & 0 & 0 \\ 0 & -\frac{1}{2\mu}|\boldsymbol{B}|^2 & 0 \\ 0 & 0 & -\frac{1}{2\mu}|\boldsymbol{B}|^2 \end{bmatrix}.$$

In [12] wird gezeigt, wie mit Hilfe des Maxwellschen Spannungstensors auf materielle Körper wirkende Kräfte berechnet werden können. Betrachtet man das einen Körper umschließende Volumen V mit der Hüllfläche S, auf der nach außen gerichtet der Normalenvektor $\boldsymbol{n}$ steht, dann können die aufgrund der elektromagnetischen Felder wirkenden Kräfte aus der zeitlichen Änderung des Impulses $\boldsymbol{P}$ durch

$$\frac{\mathrm{d}}{\mathrm{d}t}\left(\boldsymbol{P}_{\mathsf{mech}} + \boldsymbol{P}_{\mathsf{Feld}}\right)_j = \sum_k \int_V \frac{\partial}{\partial x_k} T_{j,k}\ \mathrm{d}^3x \tag{2.2}$$

oder durch Anwendung des Gaußschen Integralsatzes durch

$$\frac{\mathrm{d}}{\mathrm{d}t}\left(\boldsymbol{P}_{\mathsf{mech}} + \boldsymbol{P}_{\mathsf{Feld}}\right)_j = \oint_S \sum_k T_{j,k} n_k\ \mathrm{d}A \tag{2.3}$$

berechnet werden. Dabei sind $\boldsymbol{P}_{\mathsf{mech}}$ der mechanische Impuls und $\boldsymbol{P}_{\mathsf{Feld}}$ der Gesamtimpuls im elektromagnetischen Feld.

Schreibt man die Gl. (2.2) bzw. Gl. (2.3) in Vektorform und führt einen resultierenden Kraftvektor $\boldsymbol{F}$ ein, so ergibt sich

$$\boldsymbol{F} = \int_V \operatorname{div} \boldsymbol{T}\ \mathrm{d}^3x = \oint_S \boldsymbol{T}\boldsymbol{n}\ \mathrm{d}A. \tag{2.4}$$

Aus Gl. (2.4) lässt sich direkt eine Berechnungsvorschrift für die Volumenkraftdichte $\boldsymbol{f}_V$ und die Flächenkraftdichte $\boldsymbol{f}_A$ ablesen

$$\boldsymbol{f}_V = \operatorname{div} \boldsymbol{T} \,, \qquad\qquad \boldsymbol{f}_A = \boldsymbol{T}\boldsymbol{n}.$$

In [31] wird vorgeschlagen, die Volumenkraftdichte $\boldsymbol{f}_V$ aus Energiebetrachtungen herzuleiten. Den Maxwellschen Spannungstensor gewinnt man dann, indem man einen Tensor findet, dessen Divergenz der Volumenkraftdichte entspricht. Die Gl. (2.4) wird häufig für die Berechnung der Kräfte an Rotoren von elektrischen Antrieben verwendet. Dies ist bspw. in [21] beschrieben. Der wesentliche Vorteil dieser Vorgehensweise ist, dass die Ursache für die Kraftentstehung, bspw. Lorentzkraft, Reluktanzkräfte oder Kräfte aufgrund von Magnetostriktion, nicht diskutiert werden muss. In [13], [32] und [11] ist die Volumenkraftdichte $\boldsymbol{f}_V$, die aus der Wirkung des Magnetfeldes resultiert, durch

$$\begin{aligned}
\boldsymbol{f}_V = \;& \boldsymbol{J} \times \boldsymbol{B} && \text{... Kraft auf den bewegten Lagdungsträger} \\
& - \boldsymbol{H} \operatorname{div} \boldsymbol{M} && \text{... Kraft aufgrund einer Magnetisierung (Quelle)} \\
& + \int_0^H \operatorname{grad} \left(\boldsymbol{H}^2 \varrho \frac{\mathrm{d}\mu}{\mathrm{d}\varrho} \right) \mathrm{d}H && \text{... Kraft aufgrund von Magnetostriktion} \\
& - \int_0^H \boldsymbol{H} \operatorname{grad} \mu \, \mathrm{d}H && \text{... Kraft aufgrund von Permeabilitätsunterschieden}
\end{aligned}$$

angegeben. Der erste Term beschreibt die Kraft auf bewegte Ladungsträger im Magnetfeld. Die daraus resultierende Kraft wirkt senkrecht auf die durch die Stromdichte $\boldsymbol{J}$ und die magnetische Flussdichte $\boldsymbol{B}$ aufgespannte Ebene. Sie ist unter dem Namen Lorentzkraft bekannt. Im zweiten Term ist die Kraftwirkung eines Magnetfeldes mit der magnetischen Feldstärke $\boldsymbol{H}$ auf einen magnetisierten Körper (Magnetisierung $\boldsymbol{M}$) beschrieben. Aufgrund von Änderungen der Dichte ϱ können Veränderungen der Permeabilität μ eintreten. Dieser Effekt wird als Magnetostriktion bezeichnet. Daraus resultierende Kräfte werden durch den dritten Term beschrieben. Der letzte Term beschreibt die Kraftentstehung aufgrund von Unterschieden in der Permeabilität. Dazu gehören auch Grenzflächenkräfte, wie sie beispielsweise in Magnetlagern auftreten.

Bspw. in [32] ist die Flächenkraftdichte $\boldsymbol{f}_A$ auf einer Grenzfläche zwischen Medien unterschiedlicher Permeabilität aufgrund der magnetischen Durchflutung zum einen aus der Volumenkraftdichte, zum anderen aus dem Maxwellschen Spannungstensor hergeleitet.

Demnach weist die so entstehende Flächenkraftdichte stets in Richtung des Normalenvektors $\boldsymbol{n}$ der Grenzfläche

$$\boldsymbol{f}_A = \frac{1}{2}\left[|\boldsymbol{B}_n|^2\left(\frac{1}{\mu_1}-\frac{1}{\mu_2}\right)+|\boldsymbol{H}_t|^2(\mu_2-\mu_1)\right]\boldsymbol{n}. \tag{2.5}$$

Die Indizes t bzw. n meinen die jeweiligen Anteile der Vektoren $\boldsymbol{B}$ und $\boldsymbol{H}$ tangential bzw. normal zur Grenzfläche. (Also ist $\boldsymbol{B} = \boldsymbol{B}_n + \boldsymbol{B}_t$ und $\boldsymbol{H} = \boldsymbol{H}_n + \boldsymbol{H}_t$.) Für den Fall, dass $\mu_2 \gg \mu_1$, vereinfacht sich Gl. (2.5) zu

$$\boldsymbol{f}_A = \frac{|\boldsymbol{B}_n|^2}{2\mu_2}\boldsymbol{n}.$$

In [9] ist eine alternative Herleitung dargestellt, die ebenso zeigt, dass die an einer Grenzfläche durch das Magnetfeld entstehende Kraft stets senkrecht auf der Grenzfläche steht.

Für die Beschreibung von Grenzflächenkräften im Magnetfeld soll zudem eine anschaulichere Herleitung angegeben werden. Beispielsweise in [15] wird die Flächenkraftdichte anhand von Energiebetrachtungen hergeleitet. Dabei wird die Methode der virtuellen Verschiebung zur Kraftberechnung vorgeschlagen.

Die im Magnetfeld gespeicherte Energiedichte w_{mag} lässt sich durch

$$w_{mag} = \frac{1}{2} < \boldsymbol{H},\ \boldsymbol{B} >, \tag{2.6}$$

beschreiben. In [15] wird ein Beispiel diskutiert, anhand dessen Gl. (2.6) im Allgemeinen plausibel gemacht wird. Mit Hilfe der materialabhängigen Beziehung (Annahme: die Permeabilität μ sei skalar und nicht richtungsabhängig)

$$\boldsymbol{B} = \mu\boldsymbol{H}$$

erhält man

$$w_{mag} = \frac{1}{2}\mu\,|\boldsymbol{H}|^2 = \frac{1}{2\mu}\,|\boldsymbol{B}|^2. \tag{2.7}$$

Verschiebt man die Grenzfläche zwischen einem Werkstoff kleiner Permeabilität (μ_1) und relativ großer Permeabilität (μ_2) um $\mathrm{d}x$, so muss aufgrund der an der Grenzfläche wirkenden mechanischen Normalenspannung f die Arbeit $\mathrm{d}w_{mech}$ verrichtet werden:

$$\mathrm{d}w_{mech} = f\ \mathrm{d}x.$$

Diese wird der im Magnetfeld gespeicherten Energie entnommen. Die Änderung der im Magnetfeld gespeicherten Energie ergibt sich aus der Energiedichte Gl. (2.7) und der durch die Verschiebung $\mathrm{d}x$ veränderten Volumenanteile der Werkstoffe mit unterschiedlicher Permeabilität

$$\mathrm{d}w_{mag} = \frac{1}{2}\left(\frac{1}{\mu_1} - \frac{1}{\mu_2}\right) |\boldsymbol{B}|^2\ \mathrm{d}x.$$

Unter der Annahme, dass es sich beim betrachteten Magnetkreis um ein abgeschlossenes System handelt und sonstige, beispielsweise durch Verluste entstehende Energieumwandlungen vernachlässigbar sind, kann die durch die Verschiebung der Grenzfläche verrichtete Arbeit $\mathrm{d}w_{mech}$ mit der Änderung der im Magnetfeld gespeicherten Energie $\mathrm{d}w_{mag}$ gleichgesetzt werden. Daraus kann man die Flächenkraftdichte berechnen

$$f = \frac{1}{2}\left(\frac{1}{\mu_1} - \frac{1}{\mu_2}\right) |\boldsymbol{B}|^2,$$

die in Richtung des Werkstoffs mit der niedrigeren Permeabilität wirkt.

Handelt es sich um ein homogenes Magnetfeld, so ist die mechanische Spannung über der Grenzfläche konstant. Dadurch vereinfacht sich die Integration der mechanischen Spannung über der Grenzfläche zu einem Produkt und der Betrag der resultierenden Grenzflächenkraft F lässt sich durch

$$F = |\boldsymbol{B}|^2 A \left(\frac{1}{2\mu_1} - \frac{1}{2\mu_2}\right) \tag{2.8}$$

angeben, wobei A der Flächeninhalt der Grenzfläche ist. Beispielsweise bei einer Grenzfläche zwischen einem Blechpaket und der umgebenden Luft ($\mu_2 \gg \mu_1$) unterscheiden sich die Permeabilitäten beider Stoffe deutlich, so dass Gl. (2.8) durch

$$F = \frac{|\boldsymbol{B}|^2 A}{2\mu_1} \tag{2.9}$$

approximiert werden kann.

2.2 Modellierung mit Hilfe magnetischer Netzwerke

Bei magnetischen Aktuatoren handelt es sich um verteilt-parametrische Systeme, für deren Beschreibung sind entsprechende Modelle erforderlich. (Oft können verlässliche Aussagen über die Feldverteilung nur durch FEM getroffen werden.) In technischen Anwendungen werden derartige Aktuatoren unter anderem wegen der elektromagnetischen Verträglichkeit meist so ausgelegt, dass sich das Magnetfeld im wesentlichen auf die Eisenteile konzentriert, keine Sättigungserscheinungen auftreten und homogene Feldverteilungen in Abschnitten des Magnetkreises angenommen werden können. Unter diesen Umständen ist es möglich, aber auch bspw. für den Reglerentwurf zweckmäßig, ein Modell mit konzentrierten Parametern zu verwenden. Eine bewährte Methode für die Beschreibung verteilt-parametrischer Systeme mit Hilfe von Modellen mit konzentrierten Parametern sind Netzwerke. Wie in [27] beschrieben, finden Netzwerkmethoden in vielen Bereichen Anwendung.

Um Netzwerkmethoden anwenden zu können, müssen Differenzgrößen und Flussgrößen eingeführt werden, die ein Umlaufgesetz bzw. ein Schnittgesetz erfüllen. Im Fall magnetischer Netzwerke (unter anderem in [18] gezeigt) wird als Differenzgröße die magnetische Spannung V_m zwischen den Punkten x_0 und x_1 durch

$$V_m = \int_{x_0}^{x_1} \boldsymbol{H} \, \mathrm{d}x$$

definiert. Die magnetische Spannung muss ein Umlaufgesetz erfüllen, was bedeutet, die Summe der magnetischen Spannungen entlang eines geschlossenen Umlaufs ist gleich Null. Aus dem Durchflutungsgesetz

$$\operatorname{rot} \boldsymbol{H} = \boldsymbol{J} + \dot{\boldsymbol{D}} \qquad \oint_{\delta A} \boldsymbol{H} \, \mathrm{d}\boldsymbol{x} = \int_A \boldsymbol{J} \, \mathrm{d}\boldsymbol{A} + \frac{\mathrm{d}}{\mathrm{d}t} \int_A \boldsymbol{D} \, \mathrm{d}\boldsymbol{A}$$

folgt, dass das Umlaufgesetz erfüllt ist, wenn auftretende Stromdichten $\boldsymbol{J}$, bspw. durch eine Spule mit n Windungen, in denen die Stromstärke i fließt, durch eine Spannungsquelle mit der magnetischen Spannung

$$V_S = ni \tag{2.10}$$

berücksichtigt werden. (Verschiebungsflüsse können meist vernachlässigt werden.)

Als Flussgröße wird der magnetische Fluss Φ verwendet, der durch

$$\Phi = \int \boldsymbol{B} \,\mathrm{d}\boldsymbol{A} \tag{2.11}$$

mit der magnetischen Flussdichte $\boldsymbol{B}$ zusammenhängt. Der magnetische Fluss muss ein Schnittgesetz erfüllen, das heißt, die Summe der durch eine geschlossene Hülle fließenden Flüsse ist gleich Null. Das ist durch das Gaußsche Gesetz für Magnetfelder

$$\operatorname{div} \boldsymbol{B} = 0 \,, \qquad \oint_{\delta V} \boldsymbol{B} \,\mathrm{d}\boldsymbol{A} = 0 \tag{2.12}$$

erfüllt.

Um einen Magnetkreis durch ein Netzwerk beschreiben zu können, muss zuerst zwischen magnetisch leitfähigen und ideal magnetisch isolierenden Bereichen unterschieden werden. Das heißt, Bereiche, in denen nur zu vernachlässigende Streuflüsse zu erwarten sind, werden im magnetischen Netzwerk nicht berücksichtigt. Sonstige Bereiche des Magnetkreises werden in Teilabschnitte unterteilt, in denen das magnetische Feld als homogen angenommen werden kann. Für diese Teilabschnitte werden magnetische Widerstände eingeführt. Der magnetische Widerstand

$$R_m = \frac{l_m}{\mu A_m} \tag{2.13}$$

ergibt sich aus der mittleren Feldlinienlänge l_m, der Permeabilität μ und der mittleren Querschnittsfläche A_m. Im Fall linearer Magnetisierung ist der magnetische Widerstand eines Teilabschnitts des Magnetkreises konstant. Wie in [18] beschrieben, ist als Differenzgrößen-Flussgrößen-Relation

$$R_m = \frac{V}{\Phi}$$

zu verwenden. Tritt nichtlineare Magnetisierung, bspw. Sättigung oder Hystereseverhalten, auf, muss eine geeignete Differenzgrößen-Flussgrößen-Relation gefunden werden. Die Spulen werden durch magnetische Spannungsquellen gemäß Gl. (2.10) repräsentiert. Verbindet man diese Netzwerkelemente entsprechend ihrer räumlichen Anordung miteinander, so erhält man ein magnetisches Netzwerk des Magnetkreises.

Wie in [26] beschrieben, muss dieses magnetische Netzwerk analysiert werden. Dazu wird die Struktur des Netzwerks als Digraph betrachtet. Der entsprechende Graph besteht

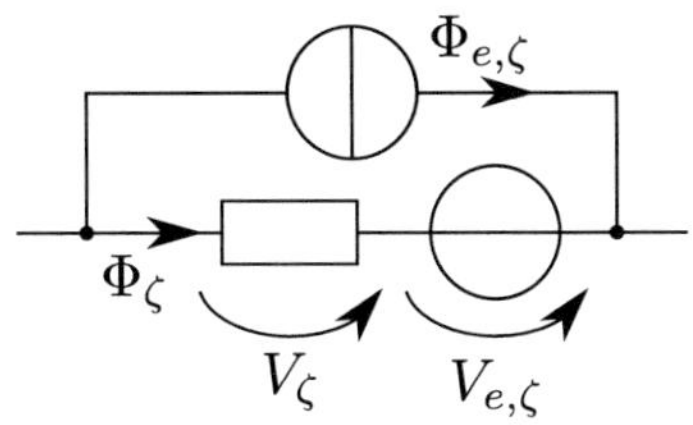

Abbildung 2.1: Zweig ζ mit Flussgrößen und Differenzgrößen

aus z gerichteten Zweigen und $k+1$ Knoten. Zur Beschreibung des Graphen kann eine Knoten-Zweig-Inzidenzmatrix $\boldsymbol{K}$ verwendet werden, deren Eintrag $(\kappa,\ \zeta)$ entweder 1, -1 oder Null ist, abhängig davon ob der Zweig ζ im Knoten κ beginnt, endet oder sich die beiden nicht berühren. Außerdem kann der Graph mit Hilfe eines Satzes von $m = z - k$ unabhängigen Maschen[3] durch Aufstellen einer Maschen-Zweig-Inzidenzmatrix $\boldsymbol{M}$ beschrieben werden. Dabei ist der Eintrag $(\mu,\ \zeta)$ entweder 1 bzw. -1, falls die Masche μ den Zweig ζ gleichläufig bzw. gegenläufig beinhaltet, oder Null, falls der Zweig ζ nicht Teil der Masche μ ist. Seien $\boldsymbol{\Phi}$ der Vektor der Flussgrößen (magnetischen Flüsse) in den Zweigen, $\boldsymbol{V}$ der Vektor der Differenzgrößen (magnetische Spannungen) über den Netzwerkelementen, $\boldsymbol{V}_e$ der Vektor der magnetischen Spannungsquellen und $\boldsymbol{\Phi}_e$ der Vektor der magnetischen Flussquellen in den Zweigen (vgl. Abbildung 2.1). Die Inzidenzmatrizen $\boldsymbol{K}$ und $\boldsymbol{M}$ beschreiben dann durch

$$\boldsymbol{K}\left(\boldsymbol{\Phi}+\boldsymbol{\Phi}_e\right)=\boldsymbol{0} \qquad \text{und} \qquad \boldsymbol{M}\left(\boldsymbol{V}+\boldsymbol{V}_e\right)=\boldsymbol{0}$$

die Schnittgesetze bzw. die Umlaufgesetze innerhalb des Netzwerks vollständig. Für die Analyse des Netzwerks werden für jedes Netzwerkelement magnetische Spannungs-Fluss-Relationen $f_*(V_*,\ \Phi_*) = 0$ benötigt. Die Netzwerkgleichungen können in Zweigspannungen und Zweigflüssen (dadurch $2z$ Unbekannte) durch

$$\begin{pmatrix} \boldsymbol{M} & \boldsymbol{0} \\ \boldsymbol{0} & \boldsymbol{K} \end{pmatrix}\begin{pmatrix} \boldsymbol{V} \\ \boldsymbol{\Phi} \end{pmatrix}=\begin{pmatrix} -\boldsymbol{M}\boldsymbol{V}_e \\ -\boldsymbol{K}\boldsymbol{\Phi}_e \end{pmatrix}, \qquad \boldsymbol{f}\left(\boldsymbol{V},\ \boldsymbol{\Phi}\right)=\boldsymbol{0} \tag{2.14}$$

aufgestellt werden. Zur Vereinfachung können Maschenflüsse $\boldsymbol{\Phi}_m$ und/oder Konotenspan-

[3]Methoden, einen vollständigen Satz unabhängiger Maschen zu finden, sind hinreichend bekannt. Bei ebenen Graphen werden die sogenannten Fenstermaschen verwendet.

nungen $\boldsymbol{V}_k$ eingeführt werden:

$$\boldsymbol{M}^T\boldsymbol{\Phi}_m = \boldsymbol{\Phi} + \boldsymbol{\Phi}_e, \qquad \boldsymbol{K}^T\boldsymbol{V}_k = \boldsymbol{V} + \boldsymbol{V}_e. \tag{2.15}$$

Daraus ergeben sich drei weitere Varianten, modifizierte Netzwerkgleichungen aufzustellen, die sich hinsichtlich der Anzahl der Unbekannten unterscheiden:

1. die Netzwerkgleichungen in Knotenspannungen und Zweigflüssen mit $k + z$ Unbekannten,
2. die Netzwerkgleichungen in Zweigspannungen und Maschenflüssen mit $2z - k$ Unbekannten,
3. die Netzwerkgleichungen in Knotenspannungen und Maschenflüssen mit z Unbekannten.

Die Auswahl der Methode zum Aufstellen der Netzwerkgleichungen erfolgt normalerweise nach der Anzahl der Knoten und der Zweige, um durch eine möglichst geringe Anzahl von Unbekannten den Rechenaufwand gering zu halten. Bei magnetischen Netzwerken sind zur Bestimmung von Kräften nur die magnetischen Flüsse durch die Grenzflächen zu berechnen. Aufgrund dessen werden hierbei die Netzwerkgleichungen in Zweigspannungen und Maschenflüssen verwendet

$$\boldsymbol{f}\left(\boldsymbol{V},\, \boldsymbol{M}^T\boldsymbol{\Phi}_m\right) = \boldsymbol{0}, \qquad \boldsymbol{M}\boldsymbol{V} = -\boldsymbol{M}\boldsymbol{V}_e. \tag{2.16}$$

Bei der zuvor beschriebenen Herleitung des magnetischen Netzwerks ergeben sich als Netzwerkelemente ausschließlich Widerstände und Spannungsquellen. Darum lässt sich die Spannungs-Fluss-Relation durch

$$\boldsymbol{R}_z\boldsymbol{\Phi} = \boldsymbol{V} \tag{2.17}$$

angeben, wobei $\boldsymbol{R}_z$ eine Diagonalmatrix ist, bei der der magnetische Widerstand jedes Zweigs der entsprechende Diagonaleintrag ist. Durch Einsetzen der Gleichung (2.16) (rechts) in Gleichung (2.17) werden die magnetischen Spannungen eliminiert, und das Gleichungssystem vereinfacht sich zu

$$\boldsymbol{M}\boldsymbol{R}_z\boldsymbol{M}^T\boldsymbol{\Phi}_m = -\boldsymbol{M}\boldsymbol{V}_e.$$

Im Fall elektromagnetischer Aktuatoren, wird die magnetische Erregung durch stromdurchflossene Spulen mit n Windungen erzeugt. Der Vektor der magnetischen Erregungen $\boldsymbol{V}_e$ kann somit durch $n\boldsymbol{S}_z\boldsymbol{i}$ ersetzt werden, wobei $\boldsymbol{S}_z$ die Zweig-Strom-Belegungsmatrix ist. Führt man zudem für $\boldsymbol{M}\boldsymbol{R}_z\boldsymbol{M}^T$ die Bezeichnung $\boldsymbol{R}_m$ ein, so können die Zweigflüsse, somit auch die Luftspaltflüsse, aus der Lösung der Netzwerkgleichungen

$$\boldsymbol{\Phi}_m = \boldsymbol{R}_m^{-1} n \boldsymbol{S}_m \boldsymbol{i} \qquad \text{mit} \qquad \boldsymbol{S}_m = -\boldsymbol{M}\boldsymbol{S}_z \tag{2.18}$$

und der Gleichung (2.15) berechnet werden.

Nun kann der Magnetkreis mit Hilfe magnetischer Netzwerke beschrieben und die magnetischen Flüsse in den einzelnen Zweigen in Abhängigkeit von Luftspalten und ggf. Strömen in Spulen berechnet werden. Zur Berechnung der aus den magnetischen Flüssen resultierenden Grenzflächenkräfte kann Gl. (2.11) zu

$$\Phi = |\boldsymbol{B}|\, A \tag{2.19}$$

vereinfacht (Innerhalb des magnetischen Netzwerks wurden homogene Feldverteilungen angenommen.) und in Gl. (2.9) eingesetzt werden. Daraus ergibt sich für ein einzelnes Grenzflächenstück im Magnetkreis die Kraft zu

$$F = \frac{\Phi^2}{2\mu_1 A}. \tag{2.20}$$

Kapitel 3

Magnetisch gelagerte Spindel für die spanende Fertigung

Aktive magnetische Lagerungen finden vielseitig Anwendung und werden deswegen in der Fachliteratur unter vielen Gesichtspunkten behandelt. In [30] und in [29] wird ein Überblick über mögliche Aufbauten, die Auslegung, die Ansteuerung und Anwendungsbeispiele gegeben.

Bei magnetisch gelagerten Spindeln besteht kein Kontakt zwischen der Spindel und den Statoren. Dadurch tritt keine mechanische Reibung und damit auch kein mechanischer Verschleiß auf. Aufgrund dessen werden magnetisch gelagerte Spindeln häufig dort eingesetzt, wo beispielsweise aufgrund hoher Drehzahlen mechanische Lager nur eine kurze Lebensdauer haben. Außerdem können magnetisch gelagerte Spindeln im Vakuum oder in Reinräumen eingesetzt werden, da Magnetlager ohne Schmierstoffe auskommen.

Im folgenden wird eine magnetisch gelagerte Spindel vorgestellt, die zur spanenden Fertigung, beispielsweise zur Herstellung von Bolzenbohrungen in Motorkolben verwendet wird. In [20] wurde die Verwendung einer magnetisch gelagerten Hauptspindel zum Unrundausdrehen erstmals vorgeschlagen. (Wie in [10] beschrieben, wurden mit einer magnetisch gelagerten Spindel vergleichbaren Aufbaus und mit grundsätzlich gleichen Ansteuerungsalgorithmen bereits Untersuchungen für den Einsatz beim Fräsen durchgeführt.) Auf den in [17] gezeigten Methoden basierend, sollen hier darauf aufbauend neue Erkenntnisse und Ergebnisse bei der Modellierung, der Regelung und bezüglich der Anwendung beim Unrundausdrehen in der industriellen Praxis vorgestellt werden.

Der typische Aufbau einer magnetisch gelagerten Spindel zur spanenden Fertigung ist in Abbildung 3.1 gezeigt. Die in der Mitte befindliche Spindel ist durch zwei Radiallager, die

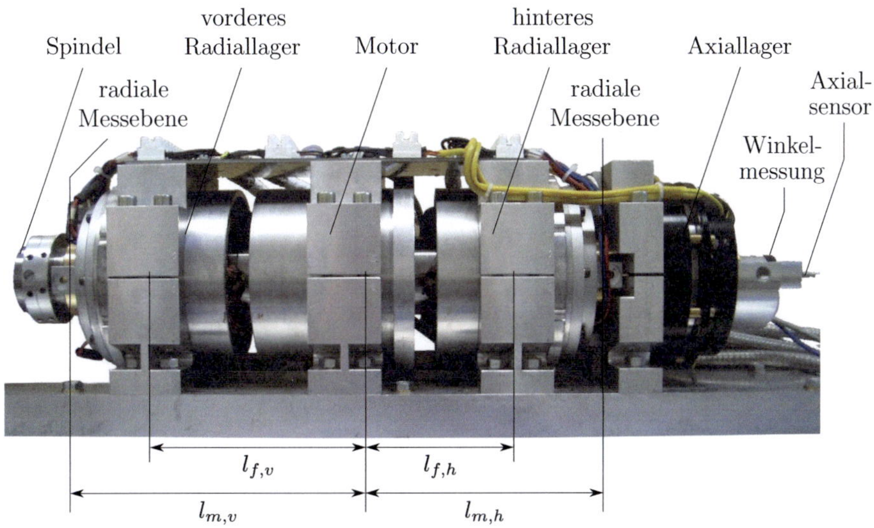

Abbildung 3.1: Foto des Versuchsstands der magnetisch gelagerten Spindel

quer zur Hauptachse der Spindel wirken, und ein Axiallager, das Kräfte in Längsrichtung der Spindel erzeugen kann, gelagert. Da es sich um eine aktive magnetische Lagerung handelt, wird die Lage der Spindel in zwei radialen Messebenen, in denen jeweils zwei Sensoren die horizontale bzw. die vertikale Verlagerung der Spindel messen, und durch einen Axialsensor, der am hinteren Ende der Spindel die axiale Position der Spindel misst, erfasst. Ein Inkrementalgeber misst den Drehwinkel der Spindel. Der eingebaute Motor, hier eine Asynchronmaschine mit Kurzschlussläufer, treibt die Spindel an.

Die magnetisch gelagerte Spindel für die spanende Bearbeitung von Motorkolben soll in einem Drehzahlbereich bis zu 20.000 min^{-1} arbeiten. Als Werkzeug wird an der Spindel ein Drehmeißel befestigt, der bei der Bearbeitung radial ca. $0,3$ mm aus einer vorbearbeiteten Bohrung abträgt. Dabei sollen die Bohrungen eine ovale Form mit Differenzen der Halbachsen von bis zu 25 μm aufweisen. Demnach muss die Spindel auf einer entsprechenden winkelsynchronen Bahn geführt werden. Die zulässigen Abweichungen bei einer runden Bohrung sind üblicherweise 2 μm (Rundheit) und bei ovalen Bohrungen 5 μm (Formabweichung).

3.1 Modellbildung

3.1.1 Beschreibung der Lage der Spindel

Die Spindel wird als Starrkörper betrachtet. Eine Biegung der Spindel kann mit dem zuvor beschriebenen Aufbau nicht erfasst werden, da genau sechs Sensoren die Lage der Spindel messen.

Zur Beschreibung der Lage der Spindel wird ein raumfestes orthogonales Koordinatensystem (Rechtssystem) verwendet. Der Massenmittelpunkt der Spindel befindet sich genau dann im Ursprung des Koordinatensystems, wenn die Spindel in der Mittellage ist, das bedeutet, dass alle Luftspalte in jedem Radiallager und im Axiallager jeweils gleich groß sind. Die x-Achse zeigt in Längsrichtung der magnetisch gelagerten Spindel und steht senkrecht auf der von der y- und der z-Achse aufgespannten Ebene (vgl. Abb. 3.2). Die Winkel ϕ, ψ und θ bezeichnen dabei die Drehungen um die x-, y- bzw. z-Achse. Da die Kardanwinkel ψ und θ betragsmäßig sehr klein sind, bezeichnen zur Vereinfachung ψ und θ die Winkel zwischen der x-Achse und der Längsachse der Spindel.

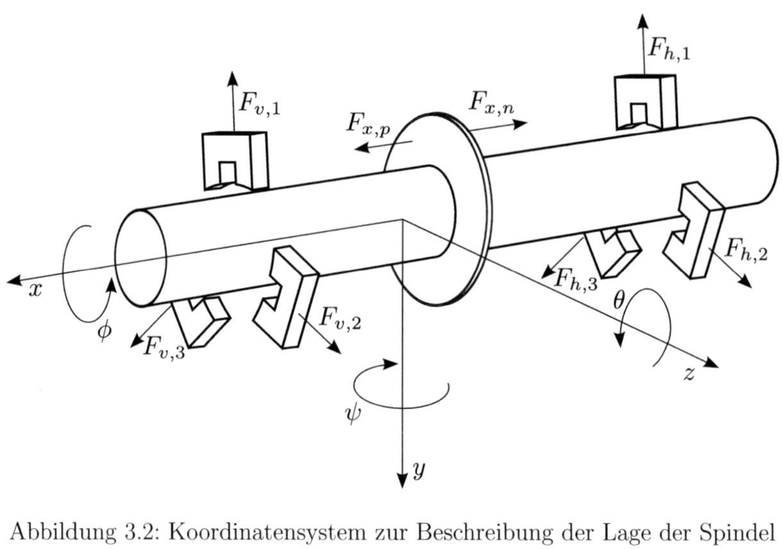

Abbildung 3.2: Koordinatensystem zur Beschreibung der Lage der Spindel

Da die Lage der Spindel, abgesehen von der Längsposition x, in zwei Messebenen durch jeweils zwei zueinander senkrecht stehende Sensoren gemessen wird, müssen die Lagekoordinaten y, z, ψ und θ aus der gemessenen Lage in der vorderen Messebene $y_{m,v}$, $z_{m,v}$ und der hinteren Messebene $y_{m,h}$, $z_{m,h}$ durch

$$y = \frac{(l_{m,h} + x)\, y_{m,v} + (l_{m,v} - x)\, y_{m,h}}{l_{m,v} + l_{m,h}}, \qquad \psi = \frac{z_{m,h} - z_{m,v}}{l_{m,v} + l_{m,h}},$$
$$z = \frac{(l_{m,h} + x)\, z_{m,v} + (l_{m,v} - x)\, z_{m,h}}{l_{m,v} + l_{m,h}}, \qquad \theta = \frac{y_{m,v} - y_{m,h}}{l_{m,v} + l_{m,h}}$$

berechnet werden. Darin bezeichnen $l_{m,v}$ und $l_{m,h}$ die Abstände zwischen der vorderen bzw. hinteren Messebene und dem Koordinatenursprung (siehe Abbildung 3.1). Da x viel kleiner als $l_{m,v}$ und $l_{m,h}$ ist, kann als Näherung auch

$$y = \frac{l_{m,h} y_{m,v} + l_{m,v} y_{m,h}}{l_{m,v} + l_{m,h}}, \qquad \psi = \frac{z_{m,h} - z_{m,v}}{l_{m,v} + l_{m,h}},$$
$$z = \frac{l_{m,h} z_{m,v} + l_{m,v} z_{m,h}}{l_{m,v} + l_{m,h}}, \qquad \theta = \frac{y_{m,v} - y_{m,h}}{l_{m,v} + l_{m,h}}$$

verwendet werden.

Zur Berechnung der Luftspaltlängen werden raumfeste kartesische Koordinatensysteme in den Lagerebenen definiert. Unter der Annahme, dass es sich bei der Spindel um einen Starrkörper handelt, können die Lagekoordinaten im vorderen Radiallager $y_{f,v}$, $z_{f,v}$ und im hinteren Radiallager $y_{f,h}$, $z_{f,h}$ aus den Massenmittelpunktskoordinaten x, y, z, ψ und θ mittels

$$y_{f,v} = y + (l_{f,v} - x)\,\theta, \qquad z_{f,v} = z - (l_{f,v} - x)\,\psi,$$
$$y_{f,h} = y - (l_{f,h} + x)\,\theta, \qquad z_{f,h} = z + (l_{f,h} + x)\,\psi$$

berechnet werden. Dabei beschreiben $l_{f,v}$ und $l_{f,h}$ die Abstände zwischen dem Koordinatenursprung und der jeweiligen Lagerebene (siehe Abbildung 3.1).

3.1.2 Mechanisches Teilsystem

Modelliert man die Spindel als rotationssymmetrischen Starrkörper, so können die Bewegung infolge der einwirkenden Kräfte im vorderen Radiallager $F_{v,y}$, $F_{v,z}$, im hinteren Radiallager $F_{h,y}$, $F_{h,z}$ und im Axiallager F_x sowie der Drehkraft D_ω mit $\omega = \dot{\phi}$ durch die

Differentialgleichungen

$$m(\ddot{x} - g_x) = F_x \tag{3.1a}$$

$$m(\ddot{y} - g_y) = F_{v,y} + F_{h,y} \tag{3.1b}$$

$$m(\ddot{z} - g_z) = F_{v,z} + F_{h,z} \tag{3.1c}$$

$$J_2\ddot{\psi} = -(l_{f,v} - x)F_{v,z} + (l_{f,h} + x)F_{h,z} - J_1\omega\dot{\theta} \tag{3.1d}$$

$$J_2\ddot{\theta} = (l_{f,v} - x)F_{v,y} - (l_{f,h} + x)F_{h,y} + J_1\omega\dot{\psi} \tag{3.1e}$$

$$J_1\dot{\omega} = D_\omega \tag{3.1f}$$

beschrieben werden. Dabei sind $l_{f,v}$ und $l_{f,h}$ die Abstände zwischen dem Koordinatenursprung und den Lagerebenen, m die Masse, J_1 und J_2 die Trägheitsmomente der Spindel um die Hauptträgheitsachsen bezogen auf den Massenmittelpunkt und g_x, g_y und g_z die Komponenten des Erdbeschleunigungsvektors. Die Terme $J_1\omega\dot{\theta}$ und $J_1\omega\dot{\psi}$ in Gl. (3.1) sind im bisher verwendeten Drehzahlbereich sehr klein und können daher vernachlässigt werden.

3.1.3 Radiallager

Die in der hier betrachteten magnetisch gelagerten Spindel eingebauten Radiallager sind sogenannte dreiphasige, rein elektromagnetische Lager. Der Aufbau des Lagers ist in der Abbildung 3.3 gezeigt. Der Stator besteht aus einem ringförmigen Blechpaket, von dem

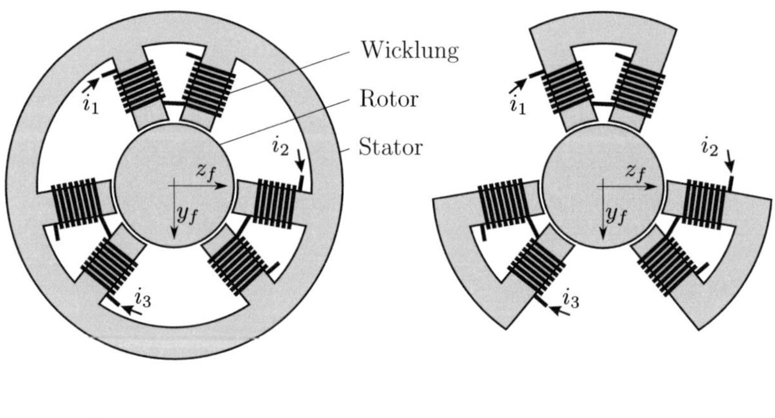

Abbildung 3.3: Schematische Darstellung eines dreiphasigen elektromagnetischen Lagers, links: tatsächliche Realisierung, rechts: als entkoppelte hufeisenförmige Magnete

sechs Schenkel ins Lagerinnere hineinragen. Um jeden dieser Schenkel ist eine Spule befestigt. Je zwei nebeneinander liegende Spulen sind so in Reihe geschaltet, dass durch einen Strom in einem Spulenpaar an dem einen Schenkel die daraus resultierende magnetische Feldstärke ins Lagerinnere, beim anderen Schenkel nach außen gerichtet ist. Der Rotorteil besteht aus einem ringförmigen Blechpaket, das auf der Spindel befestigt ist.

Da das vordere und das hintere Radiallager gleich aufgebaut sind, wird die Modellierung des Stromstärke-Kraft-Positions-Zusammenhangs beispielhaft für ein Lager gezeigt. Aus diesem Grund wird hierbei auf die Indizierung v bzw. h verzichtet.

Netzwerkmodell der entkoppelten Magnete

Vernachlässigt man die Verkopplung der drei Elektromagnete durch den Statorring, so kann die Krafterzeugung im Magnetlager durch drei unabhängige, hufeisenförmige Elektromagnete modelliert werden (vgl. Abb. 3.3 rechts).

Für die Berechnung der magnetischen Flüsse Φ_1, Φ_2 und Φ_3 in den einzelnen entkoppelten Magneten kann ein einschleifiger Magnetkreis zu Grunde gelegt werden, bei dem die Fluss-Spannungs-Relation durch

$$\Phi_k = \frac{n i_k}{R_{m,Fe} + 2R_{l,k}} \qquad \text{mit} \qquad k \in \{1, \ldots, 3\}$$

angegeben werden kann. Dabei sind n die Summe der Windungen eines Magneten, i_1, i_2 bzw. i_3 die jeweils fließenden Ströme, $R_{m,Fe}$ der magnetische Widerstand der Eisenteile und $R_{l,k}$ der magnetische Widerstand eines Luftspalts. Die magnetischen Widerstände der Eisenteile und der Luftspalte können durch

$$R_{m,Fe} = \sum_j \frac{l_{Fe,j}}{\mu_{rel,Fe}\mu_0 A_{Fe,j}}, \qquad R_{l,k} = \frac{l_0 - l_k}{\mu_0 A_l}$$

berechnet werden. Die Eisenabschnitte werden durch die mittlere Eisenlänge $l_{Fe,j}$, die Querschnittsfläche in diesem Abschnitt $A_{Fe,j}$ und die relative Permeabilität des Werkstoffs $\mu_{rel,Fe}$ beschrieben. Bei der Berechnung der Luftspaltwiderstände sind l_0 der Nominalluftspalt bei Mittellage der Welle, l_k die Luftspaltänderung aufgrund einer Auslenkung der Spindel und A_l die Querschnittsfläche des Magnetpols.

Mit der Gleichung (2.20) kann aus dem magnetischen Fluss im Magnet die durch einen hufeisenförmigen Magneten erzeugte Kraft

$$F_k = \frac{\mu_0 A_l n^2 i_k^2}{4\left(\frac{\mu_0 A_l R_{m,Fe}}{2} + l_0 - l_k\right)^2} = \lambda \frac{i_k^2}{\left(\tilde{l}_0 - l_k\right)^2} \tag{3.2}$$

berechnet werden. Demnach sind die Parameter λ und $\tilde{l}_0$ durch

$$\lambda = \frac{\mu_0 A_l n^2}{4}, \qquad \tilde{l}_0 = \frac{\mu_0 A_l R_{m,Fe}}{2} + l_0$$

gegeben. Die Änderung der Luftspaltlänge aufgrund der Auslenkung der Spindel aus der Mittellage ergibt sich näherungsweise[1] durch die Projektion der Auslenkung auf den jeweiligen Einheitsvektor $\boldsymbol{e}_{v,k}$ in Richtung des Magneten

$$l_k = \boldsymbol{e}_k^T \begin{pmatrix} y_f \\ z_f \end{pmatrix} \qquad \text{mit} \qquad \boldsymbol{e}_k = \begin{pmatrix} \cos\alpha_k \\ \sin\alpha_k \end{pmatrix}. \tag{3.3}$$

Der Winkel α_k beschreibt die Lage der Mitte eines jeden Magneten und zählt im Gegenuhrzeigersinn von der y_f-Achse aus. (Bei der in Abbildung 3.3 gezeigten Anordung wären die Winkel wie folgt festgelegt: $\alpha_1 = 180°$, $\alpha_2 = 60°$, $\alpha_3 = 300°$.)

Durch Überlagerung der Magnetkräfte F_1, F_2, F_3 ergeben sich die resultierenden Lagerkraftkomponenten F_y, F_z. Das Produkt des jeweiligen Einheitsvektors $\boldsymbol{e}_k$ mit dem Vektor der Magnetkräfte liefert die Komponenten der resultierenden Kraft in y- bzw. z-Richtung

$$\begin{pmatrix} F_y \\ F_z \end{pmatrix} = \begin{pmatrix} \boldsymbol{e}_1 & \boldsymbol{e}_2 & \boldsymbol{e}_3 \end{pmatrix} \begin{pmatrix} F_1 \\ F_2 \\ F_3 \end{pmatrix}. \tag{3.4}$$

Netzwerkmodell mit Verkopplung der Magnete

Im Abschnitt 2.2 wurden die Methoden zur Modellierung von Magnetkreisen mit Hilfe von magnetischen Netzwerken beschrieben. Bereits in [17] wurde ein Netzwerkmodell zur Beschreibung des Verhaltens eines vierphasigen elektromagnetischen Lagers hergeleitet. In Anlehnung daran wird hier das Modell für das verwendete dreiphasige Magnetlager

[1] Da die Auslenkung der Spindel gegenüber dem Durchmesser der Spindel sehr klein und auf ca. die Hälfte der Nominalluftspaltlänge begrenzt ist, kann der Luftspalt über jedem Magneten bzw. Magnetpol als gleich angenommen werden. Die Abweichungen durch die Approximation gemäß Gleichung (3.3) sind vernachlässigbar.

aufgestellt.

Die das Lager umgebende Luft (nicht die Bereiche des Luftspalts zwischen Rotor und Stator) und die Spulen werden als ideale magnetische Nichtleiter angenommen. Nun werden Netzwerkelemente für die zu untersuchende Anordnung eingeführt. Dazu werden den Eisenteilen und den Luftspalten magnetische Widerstände, den Spulen mit n Windungen je eine magnetische Spannungsquelle mit der magnetischen Spannung ni_1, ni_2 bzw. ni_3 zugeordnet und die Elemente entsprechend der räumlichen Anordnung miteinander verbunden. Daraus ergibt sich das in Abbildung 3.4 dargestellte magnetische Netzwerk.

Die magnetischen Widerstände der Eisenteile können durch

$$R_* = \frac{l_*}{\mu_{rel,*}\mu_0 A_*}$$

berechnet werden (Der Index $*$ ist dabei Platzhalter für alle Bezeichnungen von Eisenwiderständen.), wobei l_* die mittlere Eisenlänge, $\mu_{rel,*}$ die relative Permeabilität des Werkstoffs und A_* die Querschnittsfläche des Abschnitts sind. Die magnetischen Widerstände für die Luftspalte können in gleicher Weise berechnet werden

$$R_{l,k} = \frac{l_0 - l_k}{\mu_0 A_l} \qquad \text{mit} \qquad k \in \{1, \ldots, 6\},$$

wobei die Luftspaltlängen an jedem Magnetpol durch die Gleichungen (3.3) ermittelt werden können. Die Winkel $\alpha_{1..6}$ beschreiben die Lage der Mitte eines jeden Magnetpols zur y_f-Achse (im Gegenuhrzeigersinn). (Bei der in Abbildung 3.3 gezeigten Anordung wären die Winkel wie folgt festgelegt: $\alpha_1 = 200°$, $\alpha_2 = 160°$, $\alpha_3 = 80°$, $\alpha_4 = 40°$, $\alpha_5 = 320°$, $\alpha_6 = 280°$.)

Das in Abbildung 3.4 gezeigte magnetische Netzwerk soll zur Berechnung der magnetischen Flüsse in Abhängigkeit von der aktuellen Luftspaltkonstellation und den Stromstärken verwendet werden. Im Netzwerk sind nur magnetische Spannungsquellen (keine magnetischen Flussquellen) vorhanden. Das Netzwerk besteht aus 18 Zweigen und 12 Knoten und kann durch 7 unabhängige Maschen (Fenstermaschen) vollständig beschrieben werden. Wie im Abschnitt 2.2 hergeleitet soll eine Maschenflussanalyse durchgeführt werden. (Es ergeben sich nur 7 Gleichungen.)

Im magnetischen Netzwerk gemäß Abbildung 3.4 werden Zweigspannungen und Zweigflüsse eingeführt, so dass für das Netzwerk der entsprechende gerichtete Graph (siehe Abbildung 3.5) aufgezeichnet werden kann. Es werden 7 Maschenflüsse $\Phi_{m,1..7}$ mit der in Abbildung 3.4 eingezeichneten Orientierung eingeführt. Die Maschen-Zweig-Inzidenzmatrix

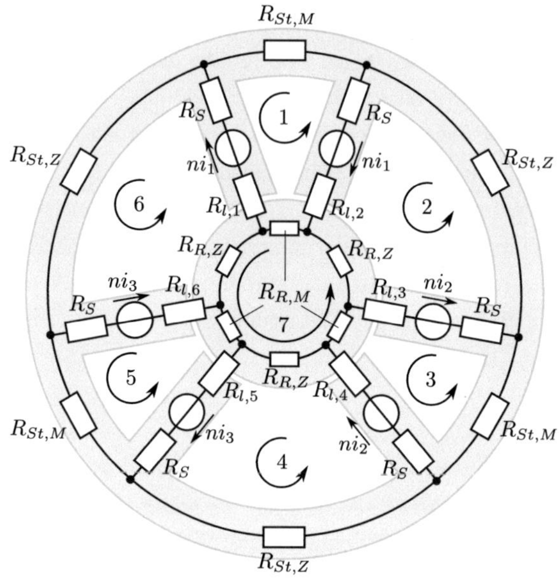

Abbildung 3.4: Netzwerkmodell eines dreiphasigen elektromagnetischen Lagers

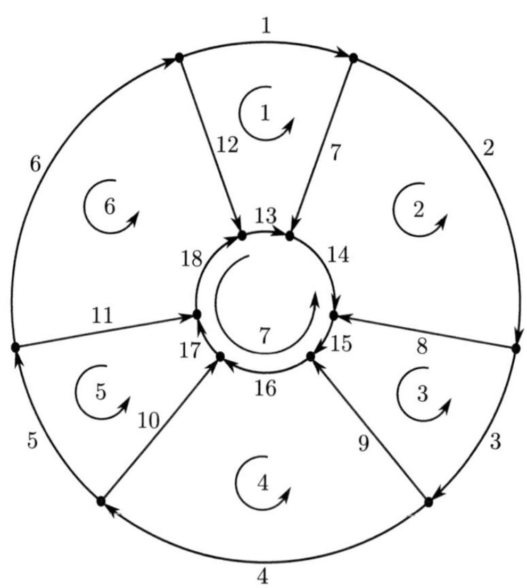

Abbildung 3.5: Graph des Netzwerkmodells eines dreiphasigen elektromagnetischen Lagers

für den Graphen ist

$$\boldsymbol{M} = \begin{pmatrix} -1 & 0 & 0 & 0 & 0 & 0 & -1 & 0 & 0 & 0 & 0 & 1 & 1 & 0 & 0 & 0 & 0 & 0 \\ 0 & -1 & 0 & 0 & 0 & 0 & 1 & -1 & 0 & 0 & 0 & 0 & 0 & 1 & 0 & 0 & 0 & 0 \\ 0 & 0 & -1 & 0 & 0 & 0 & 0 & 1 & -1 & 0 & 0 & 0 & 0 & 0 & 1 & 0 & 0 & 0 \\ 0 & 0 & 0 & -1 & 0 & 0 & 0 & 0 & 1 & -1 & 0 & 0 & 0 & 0 & 0 & 1 & 0 & 0 \\ 0 & 0 & 0 & 0 & -1 & 0 & 0 & 0 & 0 & 1 & -1 & 0 & 0 & 0 & 0 & 0 & 1 & 0 \\ 0 & 0 & 0 & 0 & 0 & -1 & 0 & 0 & 0 & 0 & 1 & -1 & 0 & 0 & 0 & 0 & 0 & 1 \\ 0 & 0 & 0 & 0 & 0 & 0 & 0 & 0 & 0 & 0 & 0 & 0 & -1 & -1 & -1 & -1 & -1 & -1 \end{pmatrix}.$$

Die Netzwerkgleichungen können gemäß der Gleichung (2.16) aufgestellt werden. Die Lösung der Netzwerkgleichungen kann aus Gleichung (2.18) übernommen werden

$$\boldsymbol{\Phi}_m = \boldsymbol{R}_m^{-1} n \boldsymbol{S}_m \boldsymbol{i}, \qquad \boldsymbol{\Phi}_l = \boldsymbol{M}_l \boldsymbol{\Phi}_m. \tag{3.5}$$

Dabei ist $\boldsymbol{R}_m = \boldsymbol{M}\boldsymbol{R}_z\boldsymbol{M}^T$, wobei $\boldsymbol{R}_z$ eine Diagonalmatrix mit den Zweigimpedanzen in der Hauptdiagonalen ist. Die Maschenimpedanzmatrix $\boldsymbol{R}_m$ ist eine quadratische, symmetrische Matrix, die auch aus dem Netzwerkgraphen abgelesen werden kann. Dabei werden in der Hauptdiagonalen die Summen der magnetischen Widerstände in der entsprechenden Masche eingetragen. Die restlichen Einträge erhält man aus den magnetischen Widerständen, die in den jeweiligen, dem Eintrag entsprechenden zwei Maschen enthalten sind, mit dem Vorzeichen entsprechend der Orientierung der beiden überlagerten Maschen (gegenläufig: negativ, gleichläufig: positiv). Demnach ist

$$\boldsymbol{R}_m = \begin{pmatrix} R_{M,1,2} & -R_{S,2} & 0 & 0 & 0 & -R_{S,1} & -R_{R,M} \\ -R_{S,2} & R_{Z,2,3} & -R_{S,3} & 0 & 0 & 0 & -R_{R,Z} \\ 0 & -R_{S,3} & R_{M,3,4} & -R_{S,4} & 0 & 0 & -R_{R,M} \\ 0 & 0 & -R_{S,4} & R_{Z,4,5} & -R_{S,1} & 0 & -R_{R,Z} \\ 0 & 0 & 0 & -R_{S,5} & R_{M,5,6} & -R_{S,6} & -R_{R,M} \\ -R_{S,1} & 0 & 0 & 0 & -R_{S,6} & R_{Z,6,1} & -R_{R,Z} \\ -R_{R,M} & -R_{R,Z} & -R_{R,M} & -R_{R,Z} & -R_{R,M} & -R_{R,Z} & 3(R_{R,M} + R_{R,Z}) \end{pmatrix}$$

mit

$$
\begin{aligned}
R_{M,j,k} &= R_{R,M} + R_{St,M} + 2R_S + R_{l,j} + R_{l,k}, \\
R_{Z,j,k} &= R_{R,Z} + R_{St,Z} + 2R_S + R_{l,j} + R_{l,k}, \\
R_{S,k} &= R_S + R_{l,k}.
\end{aligned}
$$

Der Term $\boldsymbol{S}_m n \boldsymbol{i}$ beschreibt die Belegung der Maschen mit den magnetischen Spannungsquellen. Die Windungszahl n ist für alle Spulen gleich und kann so als Skalar vor den Stromvektor geschrieben werden. Die Einträge in der Maschen-Spannungsquellen-Belegungsmatrix $\boldsymbol{S}_m$ repräsentieren die Orientierung und die räumliche Anordnung der Spannungsquellen in den Maschen. (Das Vorzeichen wird wiederum durch den Vergleich der Richtung der magnetischen Quellspannung zur Richtung der Masche festgelegt: gegenläufig: negativ, gleichläufig: positiv.) Darum wurde die Matrix $\boldsymbol{S}_m$ durch

$$
\boldsymbol{S}_m = \begin{pmatrix}
-2 & 0 & 0 \\
1 & 1 & 0 \\
0 & -2 & 0 \\
0 & 1 & 1 \\
0 & 0 & -2 \\
1 & 0 & 1 \\
0 & 0 & 0
\end{pmatrix}
$$

eingeführt.

Durch die Matrix $\boldsymbol{M}_l^T$ wird festgelegt, welche Maschenflüsse überlagert werden müssen, um die Luftspaltflüsse zu erhalten. Somit besteht die Transponierte von $\boldsymbol{M}_l^T$ aus den Spalten der Maschen-Zweig-Inzidenzmatrix $\boldsymbol{M}$, die den Luftspaltzweigen zuzuordnen sind:

$$
\boldsymbol{M}_l^T = \begin{pmatrix}
-1 & 1 & 0 & 0 & 0 & 0 & 0 \\
0 & -1 & 1 & 0 & 0 & 0 & 0 \\
0 & 0 & -1 & 1 & 0 & 0 & 0 \\
0 & 0 & 0 & -1 & 1 & 0 & 0 \\
0 & 0 & 0 & 0 & -1 & 1 & 0 \\
1 & 0 & 0 & 0 & 0 & -1 & 0
\end{pmatrix}.
$$

Setzt man die beiden Gleichungen aus (3.5) ineinander ein, so erhält man

$$\boldsymbol{\Phi}_l = \boldsymbol{M}_l^T \boldsymbol{R}_m^{-1} \boldsymbol{S}_m n \boldsymbol{i},$$

woraus sofort klar ist, dass sich die Luftspaltflüsse $\Phi_{l,o}$ aus einer Linearkombination der Ströme

$$\Phi_{l,o} = k_{o,1} i_1 + k_{o,2} i_2 + k_{o,3} i_3 \tag{3.6}$$

ergeben. Anhand der Gleichung (2.20) ist ersichtlich, dass die Kräfte an den einzelnen Magnetpolen vom Quadrat der Luftspaltflüsse und der Polfläche abhängen. Durch Überlagerung der Magnetkräfte $F_{1..6}$ an den einzelnen Polen erhält man die resultierenden Lagerkraftkomponenten F_y, F_z. Das Produkt des jeweiligen Einheitsvektors $\boldsymbol{e}_k$ mit der zugehörigen Magnetkraft F_k ($k \in \{1, \ldots, 6\}$) liefert die Komponenten der Kraft in y- bzw. z-Richtung. Die Summe der jeweiligen Komponenten der Magnetkräfte ergibt die Komponenten des resultierenden Kraftvektors:

$$\begin{pmatrix} F_y \\ F_z \end{pmatrix} = \sum_{k=1}^{6} \boldsymbol{e}_k F_k = \boldsymbol{G}_F \begin{pmatrix} i_1^2 & i_2^2 & i_3^2 & i_1 i_2 & i_1 i_3 & i_2 i_3 \end{pmatrix}^T \tag{3.7}$$

Durch Einsetzen der Gleichung für die Luftspaltflüsse (3.6) in die Gleichung zur Berechnung der Magnetkräfte an den einzelnen Polen (vgl. Gl. (2.20)) und der Überlagerung dieser zum resultierenden Kraftvektor wird der Zusammengang zwischen Strom und resultierender Kraft (wie in Gl. (3.7)) deutlich. Die Koeffizienten, die Einträge der Matrix $\boldsymbol{G}_F$, hängen von der aktuellen Position des Rotors im Lager (y_f, z_f) ab.

Messung des Stromstärke-Kraft-Positions-Zusammenhangs

Zur Messung des Stromstärke-Kraft-Positions-Zusammenhangs wurde ein Versuchsstand konzipiert, der in Abbildung 3.6 gezeigt ist. Zur Untersuchung eines Radiallagers wurde der Stator des Lagers aus der magnetisch gelagerten Spindel ausgebaut und mittig auf der Grundplatte des Versuchsstands montiert. Ein neu gefertigtes Rotorblechpaket wurde auf einer Stahlwelle befestigt, die am Versuchsstand zwischen zwei Kraftsensoren eingebaut wurde. Da der Rotor und der Stator sich nicht berührten, und der Rotor außer über die Kraftsensoren keinen Kontakt zur Grundplatte hatte, wurde durch die Kraftsensoren die auf den Rotor wirkende resultierende Kraft erfasst. Der Rotorteil mit den Kraftsensoren war über an beiden Enden befestigte mechanische Verstellvorrichtungen an der Grundplatte befestigt. Diese Halterungen ermöglichten das Verstellen der Lage des Rotorteils gegenüber dem Stator. Die Lage des Rotorteils wurde durch insgesamt fünf Positionssensoren gemessen, von denen je zwei in einer vorderen und einer hinteren radialen Messebene angebracht waren. Ein Positionssensor maß am linken Ende die axiale Lage. Die Spulen des Magnetlagers waren an einen Pulssteller angeschlossen, der durch eine Reglerelektronik angesteuert wurde.

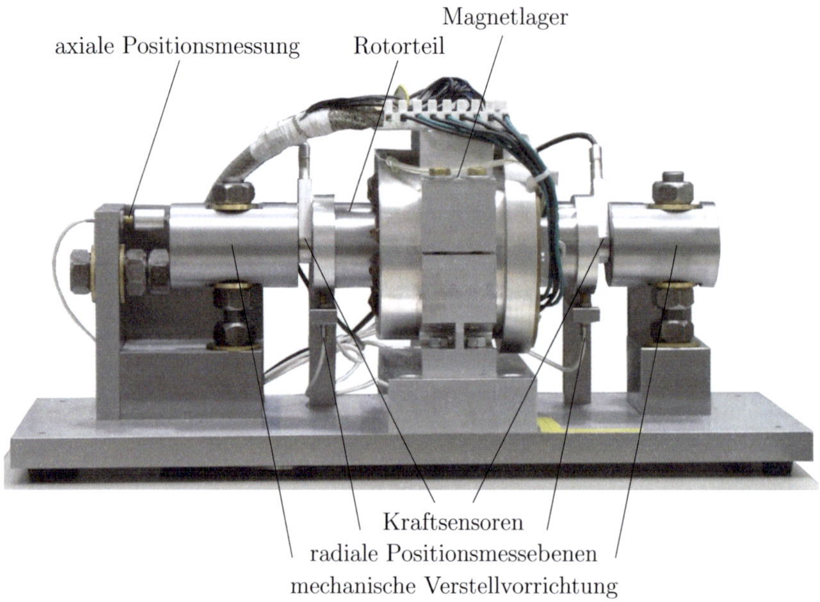

Abbildung 3.6: Foto des Versuchsstands zur Messung des Kraft-Positions-Stromstärke-Zusammenhangs von Magnetlagern

Um Stromstärke-Kraft-Positions-Kennlinien zu messen, wurde der Rotorteil durch die mechanischen Verstellvorrichtungen in der gewünschten Lage positioniert. Die Software, die in der Reglerelektronik abgearbeitet wurde, ermöglichte automatische Messabläufe, bei denen parametrierbar mehrere Stromstärkekonstellationen mit Hilfe eines Stromreglers eingestellt, jeweils die daraus resultierende Kräfte gemessen und in einer Messwertdatei abgespeichert wurden.

Die Messungen wurden durchgeführt, um eine Referenz für den Vergleich zu den verschiedenen, in dieser Arbeit gezeigten Berechnungsmethoden der Lagerkräfte zu haben. Aus diesem Grund werden die Ergebnisse der Messungen im später folgenden Vergleich gezeigt und beschrieben.

Modellierung mit Hilfe der Finite-Elemente-Methode

Eine mittlerweile häufig verwendete Methode zur Simulation von Systemen mit örtlich verteilten Parametern ist die Finite-Elemente-Methode (FEM). Dabei werden Systeme mit örtlich verteilten Parametern örtlich diskretisiert und die sonst zu lösenden partiellen Differentialgleichungen werden durch einfachere, meist lineare Gleichungen approximiert.

Die Modellierung mit Hilfe von FEM soll hierbei verwendet werden, um die Feldverteilung innerhalb des Magnetlagers zu zeigen und die Ergebnisse der FEM mit denen der Netzwerkmodelle vergleichen zu können. Dazu wurde die frei verfügbare Software „FEMM Version 4.2“ ausgewählt, die es ermöglicht Lösungen für magnetostatische Systeme zu berechnen. (Die Wahl des Programms soll keine Bewertung sein. Es wurde kein Vergleich zu anderen Programmen durchgeführt.) Mit „FEMM“ können Anordungen untersucht werden, die aufgrund von Rotationssymmetrie oder von Planarität auf eine zweidimensionale Anordungen reduziert werden können. Die Untersuchung des elektromagnetischen Radiallagers erfolgt in „FEMM“ als magnetostatisches Problem. Dazu werden im Fall des Radiallagers vergleichbar mit einer Schnittdarstellung die Geometrie des Stators, die Geometrie des Rotors, die Abmessungen und Lage der Spulen sowie die Anordnung zueinander eingegeben. Außerdem werden allen gezeichneten Flächen Werkstoffe zugeordnet, wodurch die magnetischen und elektrischen Eigenschaften (Leitfähigkeit, ggf. Quellfeldstärken etc.) hinterlegt werden. Die Höhe des Blechpakets wird für die Skalierung der Ergebnisse (beispielsweise der Ausgabe der Grenzflächenkräfte aus der Integration über dem Maxwellschen Spannungstensor) benötigt. Details bezüglich des Programms „FEMM“ und dessen Arbeits-/Funktionsweise können dem Handbuch [19] entnommen werden.

In den Abbildungen 3.7 und 3.8 sind mit Hilfe der FEM-Simulation berechnete Feldverläufe (Flussdichte) dargestellt. Es handelt sich dabei um das Simulationsmodell für ein dreiphasiges, rein elektromagnetisches Radiallager, wie es mit Hilfe der Netzwerkmethode und durch Messungen am Prüfstand untersucht wurde. Beispielhaft sind die Ergebnisse für die Stromstärken $i_1 = 8$ A, $i_2 = 4$ A und $i_3 = 0,5$ A gezeigt. Man erkennt deutlich die Verkopplung zwischen den einzelnen Magneten aufgrund der in den Verbindungsstegen vorhandenen Flussdichten. Jedoch ist auch zu erkennen, dass die Annahme homogener Feldverteilung im Bereich der Grenzflächen und innerhalb der Eisenteile gerechtfertigt ist.

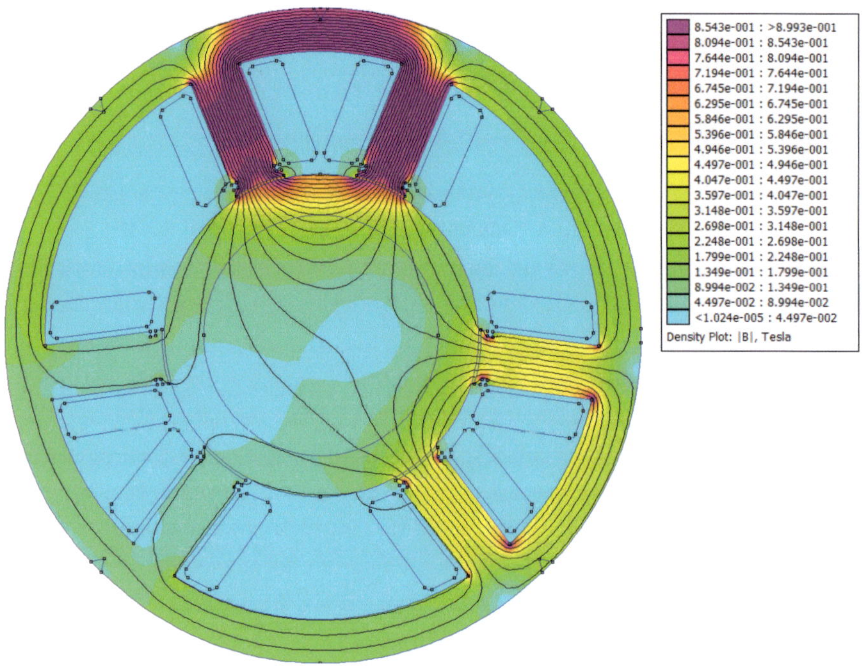

Abbildung 3.7: Ergebnis der FEM-Simulation, ($i_1 = 8$ A, $i_2 = 4$ A, $i_3 = 0,5$ A)

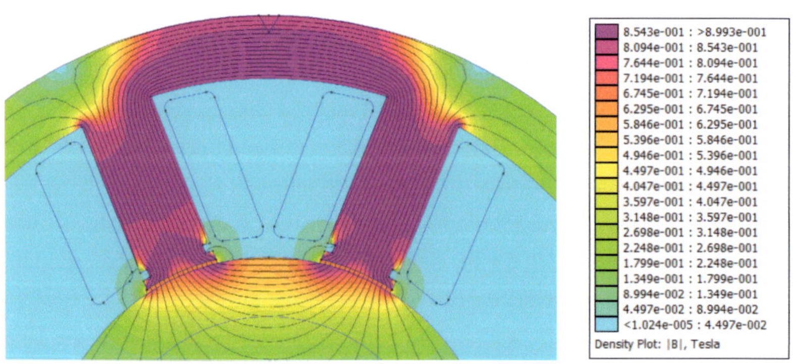

Abbildung 3.8: Ausschnitt des Ergebnisses der FEM-Simulation, ($i_1 = 8$ A, $i_2 = 4$ A, $i_3 = 0,5$ A)

Außerdem wurden für den Vergleich mit den Messwerten und den Ergebnissen der Netzwerkmodellierung eine Vielzahl von Luftspalt- und Stromkonstellationen simuliert und die sich dabei ergebenden Kräfte ermittelt.

Vergleich der Ergebnisse

In den vorherigen Abschnitten wurden eine Netzwerkmethode und die FEM zur Modellierung der Krafterzeugung durch das dreiphasige, rein elektromagnetische Radiallager hergeleitet bzw. gezeigt. Nun sollen die Simulationsergebnisse der unterschiedlichen Modelle mit gemessenen Werten verglichen werden. In Abbildung 3.9 ist die erzeugte Kraft in y-Richtung in Abhängigkeit vom Strom i_1 im ersten Magneten dargestellt. Es sind mit Hilfe des Netzwerkmodells berechnete Kennlinien für unterschiedliche Luftspalte eingezeichnet. Die Ergebnisse der Finite-Elemente-Simulation und die Messergebnisse sind durch die Symbole $+$ bzw. $*$ eingetragen. Die Übereinstimmung ist sehr gut. Die größten Abweichungen von ca. 20 N (Bezogen auf die unter diesen Bedingungen erzeugte Kraft ist das nur eine Abweichung von $4,2$ %.) treten bei großen Kräften auf, was auf die Nichtlinearität der Magnetisierung (Sättigung) zurückzuführen ist. Die Abweichung zwischen den gemessenen Kräften und den aus Netzwerkmodellen bzw. mit Hilfe der FEM berechneten Kräften beträgt sonst nie mehr als 8 N.

Durch die in Abbildung 3.9 gezeigten Ergebnisse ist die Brauchbarkeit des Modells der Krafterzeugung für einen einzelnen Magneten des Radiallagers gezeigt. Einflüsse aus magnetischer Verkopplung der Magnete eines Radiallagers wirken sich bei dem zugrunde gelegten Versuch hingegen nicht aus. Um auch den Einfluss der Verkopplung der Magnete zu erkennen, wurden willkürlich Stromkonstellationen in den drei Magnetlagerspulen ausgewählt und unterschiedliche Rotorlagen eingestellt. Die Ströme wurden dabei gemäß Abbildung 3.10 oben gewählt. (Linien für die Berechnung von Kennlinien, Punkte für 32 Messschritte) Diese Stromsollwerte und unterschiedliche Rotorlagen (siehe Abbildung 3.10) wurden für die Berechnung bzw. Messung der Kräfte 1. in der FEM-Simulation verwendet, 2. in die Netzwerkmodellgleichungen eingesetzt und 3. bei Messungen am Kraftmessstand eingestellt. Die Ergebnisse sind in den Abbildungen 3.10 mitte und unten dargestellt. Die Kraftabweichung zwischen Messung und Berechnung aus Netzwerkmodellen bzw. mit Hilfe der FEM beträgt maximal nur 20 N. Es ist zu erkennen, dass sowohl die FEM-Simulation als auch das Netzwerkmodell vergleichbar gute Ergebnisse liefern.

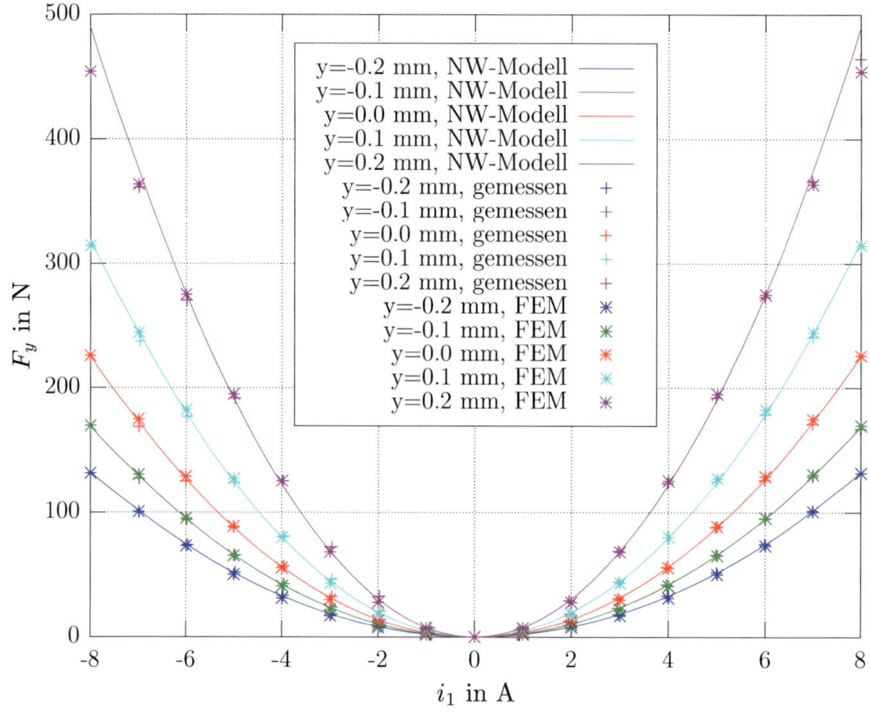

Abbildung 3.9: Vergleich zwischen den Ergebnissen der Kraftberechnung mit Netzwerkmodell, der FEM-Simulation und der Messung

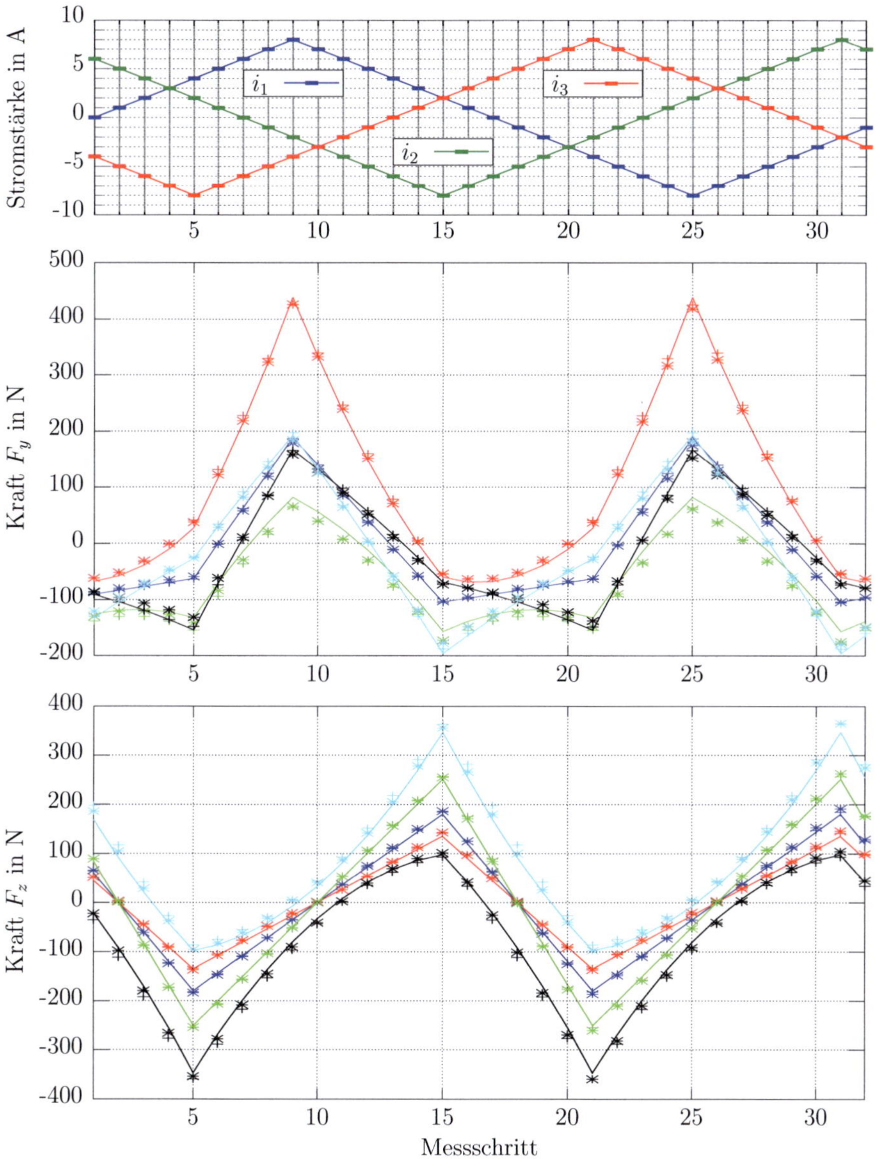

Abbildung 3.10: oben: Stromwerte für den Vergleich der Modelle; mitte bzw. unten: Kraft F_y bzw. F_z „–“ aus dem NW-Modell, „∗“ aus Messungen, „+“ mit Hilfe der FEM je für die Rotorpositionen $(y,\ z)$ in mm: $(0{,}0,\ 0{,}0)$, $(0{,}2,\ 0{,}0)$, $(-0{,}2,\ 0{,}0)$, $(0{,}0,\ 0{,}2)$, $(0{,}0,\ -0{,}2)$

3.1.4 Axiallager

Das Axiallager soll Kräfte in Längsrichtung der Spindel erzeugen. Dazu ist eine Lagerscheibe an der Spindel befestigt, zu der beiderseits Elektromagnete angeordnet sind. Durch einen Strom in der Spule eines Elektromagneten entsteht eine die Lagerscheibe anziehende Kraft. In Abbildung 3.11 sind zwei Varianten des Axialagers gezeigt. Auf der rechten Seite ist ein Axiallager in Topfbauweise, auf der linken Seite ein Axiallager in sogenannter Tempelbauweise dargestellt. Die beiden Lagerbauweisen unterscheiden sich im Aufbau des Stators. Je

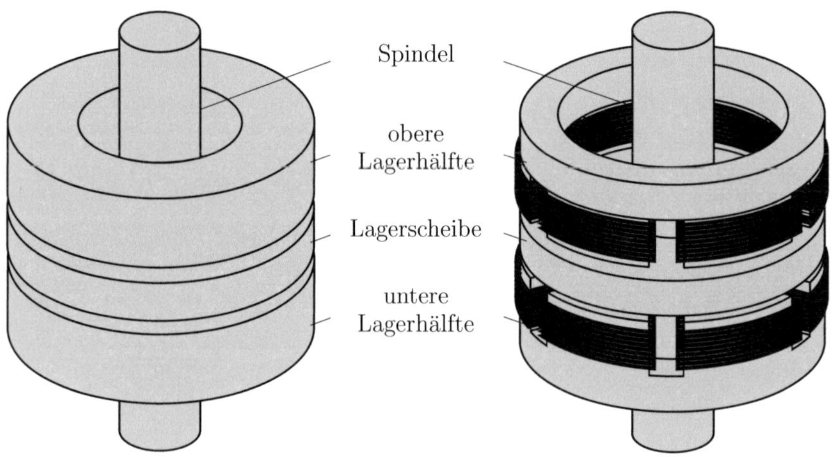

Abbildung 3.11: Schematische Darstellung eines Axiallagers (links: Topfbauweise, rechts: Tempelbauweise)

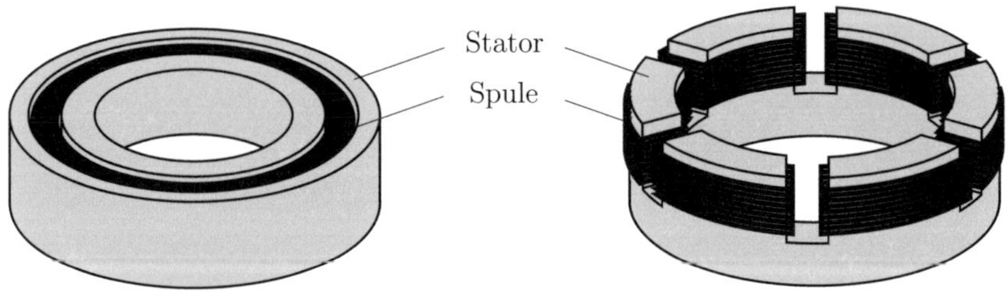

Abbildung 3.12: Schematische Darstellung eines Axiallagerstators (links: Topfbauweise, rechts: Tempelbauweise)

ein Stator eines Axiallagers ist in Abbildung 3.12 abgebildet. Der Stator bei einem Topflager besteht aus einem massiven Ring mit einem U-förmigen Querschnitt, in dem eine Spule liegt. Der Aufbau eines Topflagers ist somit sehr einfach, jedoch ist es aufgrund der räumlichen Ausbreitung des Magnetfelds nicht sinnvoll möglich, die Eisenteile des Lagers geblecht auszuführen.

Der Stator des Axiallagers in Tempelbauweise besteht aus einem Ring, von dem mehrere Magnetpole hervorragen. Auf diese Magnetpole werden die Spulen gesteckt. Je nach dem, ob durch dieses Lager nur axiale Lagerkräfte oder zusätzlich Lagerdrehkräfte erzeugt werden sollen, können die Spulen ganz bzw. teilweise in Reihe geschaltet werden. Dieses Axiallager kann durch den Einsatz sogenannter Ringbandkerne für die Statoren und die Lagerscheibe geblecht ausgeführt werden.

Modell des Axiallagers in Topfbauweise

Zur Beschreibung des Verhaltens des Axiallagers wird ein vereinfachter Aufbau bestehend aus zwei hufeisenförmigen Magneten verwendet. Außerdem wird angenommen, dass die Verkopplung zwischen den beiden Lagerhälften vernachlässigbar ist. Da die möglichen Winkelauslenkungen ψ und θ sehr klein sind, wird außerdem angenommen, dass die Axiallagerscheibe stets parallel zur Lagerebene steht. Das Modell für einen hufeisenförmigen Magneten wurde bereits beim Netzwerkmodell der entkoppelten Magnete eines dreiphasigen Radiallagers in 3.1.3 hergeleitet und kann hier übernommen werden. Die durch die beiden Magnete erzeugten Kräfte können demnach aus den Stromstärken $i_{x,p}$, $i_{x,n}$, dem Nominalluftspalt $l_{0,x}$ und einem Lagerparameter λ_x durch

$$F_{x,p} = \lambda_x \frac{i_{x,p}^2}{(l_{0,x} - x)^2}, \qquad F_{x,n} = \lambda_x \frac{i_{x,n}^2}{(l_{0,x} + x)^2} \tag{3.8}$$

berechnet werden (Die Parameter λ_x und $l_{0,x}$ können, wie im Abschnitt 3.1.3 hergeleitet, bestimmt werden). Die Überlagerung der beiden Magnetkräfte ergibt die resultierende Lagerkraft in x-Richtung:

$$F_x = F_{x,p} - F_{x,n}. \tag{3.9}$$

Modell des Axiallagers in Tempelbauweise

Wie in Abbildung 3.11 und 3.12 dargestellt, sind in den Statoren des Tempellagers je sechs Spulen eingebaut. Je nach Ansteuerung und nach zu erzeugenden Kräften gibt es unterschiedliche Varianten, die Spulen miteinander zu verbinden. Hier soll die Variante behandelt werden, bei der je zwei benachbarte Spulen miteinander in Reihe geschaltet sind. (Das heißt, pro Lagerhälfte können drei Spulensysteme unabhängig bestromt werden.) Der Fall, dass alle Spulen einer Lagerhälfte in Reihe geschaltet sind, ist mit dem im folgenden hergeleiteten Modell ebenso beschrieben, wenn die Ströme als gleich angenommen werden. Verschiedene Möglichkeiten der Ansteuerung für ein Axiallager in Tempelbauweise wurden bereits in [14] vorgestellt. Die mögliche Anwendung dieses Axiallagers als zusätzlicher Aktuator in einer magnetisch gelagerten Spindel wurde in [4] behandelt.

Die Herleitung des Netzwerkmodells wird beispielhaft für eine Lagerhälfte durchgeführt. Die das Lager umgebende Luft und die Spulen werden als ideale magnetische Nichtleiter angenommen. Es werden den Eisenteilen und den Luftspalten magnetische Widerstände, den Spulen mit n Windungen je eine magnetische Spannungsquelle mit der magnetischen Spannung ni_1, ni_2 bzw. ni_3 zugeordnet und die Elemente entsprechend der räumlichen Anordnung miteinander verbunden. Das sich daraus ergebende Netzwerk lässt sich als ebenes Netzwerk darstellen, das in Abbildung 3.13 gezeigt ist.

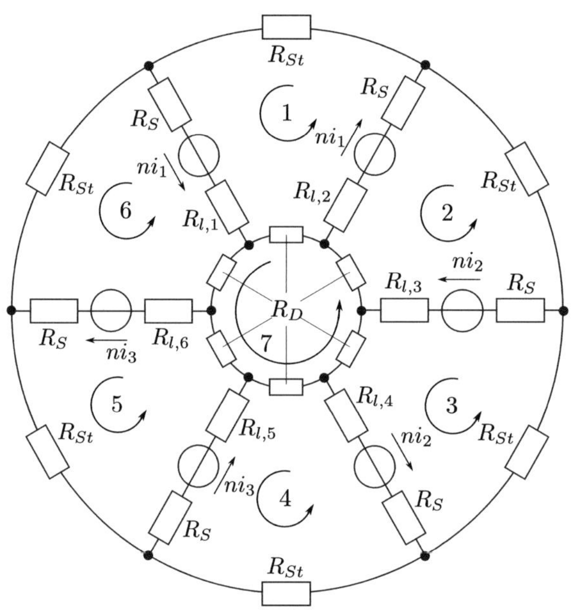

Abbildung 3.13: Netzwerkmodell eines Axiallagers (Tempelbauform)

Im Abschnitt 3.1.3 wurde ein Netzwerkmodell für das dreiphasige elektromagnetische Radiallager hergeleitet. Das magnetische Netzwerk des Radiallagers und des Axiallagers in Tempelbauweise stimmen weitestgehend überein. Es gibt jedoch einen Unterschied: Da beim Radiallager die Magnetpole nicht gleichmäßig auf den gesamten Umfang verteilt sind, ergeben sich im Rotor und im Statorring für die Bereiche innerhalb eines hufeisenförmigen Magneten und zwischen zwei Magneten unterschiedliche magnetische Widerstände. Beim Axiallager sind die Pole gleich aufgeteilt. Aufgrund dessen können die Ergebnisse zur Beschreibung der Kräfte an den einzelnen Magnetpolen übernommen werden.

Die magnetischen Widerstände im magnetischen Netzwerk werden entsprechend der Berechnungsvorschrift aus Abschnitt 3.1.3 ermittelt. Jedoch hängt die Luftspaltlängenänderung an den einzelnen Magnetpolen von der axialen Position der Spindel x und der Kippung der Lagerscheibe, beschrieben durch die Winkel ψ und θ, ab. Demnach ist für alle k Magnetpole ($k \in \{1, \ldots, 6\}$)

$$l_{p,k} = x + \boldsymbol{e}_{p,k}^T \begin{pmatrix} \theta r_{Ax} \\ \psi r_{Ax} \end{pmatrix} \quad \text{bzw.} \quad l_{n,k} = -x - \boldsymbol{e}_{n,k}^T \begin{pmatrix} \theta r_{Ax} \\ \psi r_{Ax} \end{pmatrix}$$

mit

$$\boldsymbol{e}_{p,k} = \begin{pmatrix} \cos \alpha_{p,k} \\ \sin \alpha_{p,k} \end{pmatrix} \quad \text{bzw.} \quad \boldsymbol{e}_{n,k} = \begin{pmatrix} \cos \alpha_{n,k} \\ \sin \alpha_{n,k} \end{pmatrix},$$

wobei r_{Ax} der Radius der Mitte der Magnetpole ist. Es wird wie schon beim dreiphasigen elektromagnetischen Radiallager eine Maschenflussanalyse durchgeführt, woraus die Netzwerkgleichungen gemäß Gln. (3.5) folgen. Die Matrix $\boldsymbol{R}_m$ unterscheidet sich nur aufgrund der gleichmäßigen Aufteilung der Magnetpole durch $R_{M,j,k} = R_{Z,j,k} = R_R + R_{St} + 2R_S + R_{l,j} + R_{l,k}$. Die Matrizen $\boldsymbol{S}_m$ und $\boldsymbol{M}_l$ sind gleich der Herleitung zuvor. Auf diese Weise können die Luftspaltflüsse und dadurch auch die an den einzelnen Magnetpolen angreifenden Kräfte $F_{p,1..6}$ bzw. $F_{n,1..6}$ (vgl. Gl. (2.20)) berechnet werden.

Die Überlagerung der Magnetkräfte $F_{p,*}$ bzw. $F_{n,*}$ ergibt in diesem Fall eine axial gerichtete Kraft $F_{x,p}$ bzw. $F_{x,n}$ und die Drehkräfte $D_{\theta,p}$, $D_{\theta,n}$, $D_{\psi,p}$ und $D_{\psi,n}$:

$$\begin{pmatrix} F_{x,p} \\ D_{\theta,p} \\ D_{\psi,p} \end{pmatrix} = \sum_{k=1}^{6} \begin{pmatrix} 1 \\ r_{Ax}\boldsymbol{e}_{p,k} \end{pmatrix} F_{p,k} \quad \text{bzw.} \quad \begin{pmatrix} F_{x,n} \\ D_{\theta,n} \\ D_{\psi,n} \end{pmatrix} = \sum_{k=1}^{6} \begin{pmatrix} 1 \\ r_{Ax}\boldsymbol{e}_{n,k} \end{pmatrix} F_{n,k}. \quad (3.10)$$

Die Überlagerung der Kräfte und Drehkräfte aus den beiden Lagerhälften ergibt

$$F_x = F_{x,p} - F_{x,n}, \qquad D_\psi = D_{\psi,p} - D_{\psi,n}, \qquad D_\theta = D_{\theta,p} - D_{\theta,n}.$$

3.1.5 Elektrisches Verhalten

Das elektrische Verhalten der Magnetlager beschreibt den Zusammenhang zwischen den an den Lagerspulen angelegten elektrischen Spannungen und den daraus resultierenden Stromstärken. Dieses Modell wird benötigt, um einen Stromregler zu entwerfen und die darin verwendeten Parameter zu dimensionieren.

Die Grundlage für die Herleitung dieses Modells ist der Zusammenhang zwischen den fließenden Strömen und den magnetischen Flüssen. Ein solches Modell kann beispielsweise mit Hilfe eines magnetischen Netzwerks durch Lösen der zugehörigen Netzwerkgleichungen aufgestellt werden. Die Änderung des magnetischen Flusses bewirkt, gemäß dem Induktionsgesetz, eine elektrische Spannung an den Lagerspulen. Zudem hat der Stromfluss aufgrund des ohmschen Widerstands einen Spannungsabfall zur Folge. Für die Spulen beispielsweise eines Magnetlagers mit der Windungszahl n und der Matrix der ohmschen Widerstände[2] $\boldsymbol{R}_{ohm}$ kann für die Spannung $\boldsymbol{u}$ in Abhängigkeit vom Induktionsfluss bzw. verketteten Fluss $\boldsymbol{\Psi}$ die Beziehung

$$\boldsymbol{u} = \frac{\mathrm{d}\boldsymbol{\Psi}}{\mathrm{d}t} + R_{ohm}\boldsymbol{i} \tag{3.11}$$

geschrieben werden. Der Induktionsfluss $\boldsymbol{\Psi}$ ist gleich dem Produkt der Windungszahl n und den magnetischen Flüssen Φ_* durch jede Spule. Setzt man die Lösung der Netzwerkgleichungen (3.5) in die Gleichung für den Induktionsfluss ein, so erhält man für die Induktivitätsmatrix $\boldsymbol{L}$

$$\boldsymbol{\Psi} = \boldsymbol{L}\boldsymbol{i} = n\boldsymbol{S}_m^T\boldsymbol{\Phi}_m = n\boldsymbol{S}_m^T\boldsymbol{R}_m^{-1}\boldsymbol{S}_m n\boldsymbol{i}, \qquad \boldsymbol{L} = n^2\boldsymbol{S}_m^T\boldsymbol{R}_m^{-1}\boldsymbol{S}_m.$$

In der Induktivitätsmatrix stehen die Selbstinduktivitäten der Spulen in der Hauptdiagonalen, und die übrigen Einträge stehen für Streu- bzw. Koppelinduktivitäten. Durch

[2] $\boldsymbol{R}_{ohm}$ ist aufgrund der Zuordnung von Spannungen und Strömen eine Diagonalmatrix der ohmschen Widerstände, die hier aufgrund des Aufbaus als gleich angenommen werden können.

Einsetzen von $\boldsymbol{\Psi} = \boldsymbol{L}\boldsymbol{i}$ in Gleichung (3.11) und Auflösen der Zeitableitung erhält man

$$\boldsymbol{u} = \boldsymbol{L}\frac{\mathrm{d}\boldsymbol{i}}{\mathrm{d}t} + \left(\frac{\mathrm{d}\boldsymbol{L}}{\mathrm{d}t} + \boldsymbol{R}_{ohm}\right)\boldsymbol{i}. \tag{3.12}$$

Da der magnetische Widerstand $\boldsymbol{R}_m$ des Magnetkreises von der Luftspaltlänge abhängt, kann die Induktivität variieren. Magnetlager werden meist so gestaltet, dass die Verkopplung der Spulen untereinander möglichst klein ist. Das bedeutet, die Haupdiagonaleinträge der Induktivitätsmatrix sind deutlich größer als die sonstigen Einträge und die Gleichung (3.12) vereinfacht sich zu skalaren Gleichungen (hier beispielhaft für die k-te Spule)

$$u_k = L_{k,k}\frac{\mathrm{d}i_k}{\mathrm{d}t} + \left(\frac{\mathrm{d}L_{k,k}}{\mathrm{d}t} + R_{ohm,k,k}\right)i_k.$$

Da die zeitliche Änderung der Lage der Spindel deutlich langsamer ist als die Änderung der Stromstärke in den Lagerspulen, kann die Zeitableitung der Induktivität vernachlässigt werden. Die Lage der Spindel in den Lagern ist durch die Fanglager eingeschränkt. Der verwendete Arbeitsbereich ist deutlich kleiner als der Bewegungsbereich, so dass die Induktivitäten sogar als konstant angenommen werden (entsprechend dem Arbeitspunkt gewählt)

$$u_k = L_{k,k}\frac{\mathrm{d}i_k}{\mathrm{d}t} + R_{ohm}i_k. \tag{3.13}$$

3.2 Reglerentwurf

Mit Hilfe der zuvor hergeleieteten Modelle soll ein Regler für die magnetisch gelagerte Spindel hergeleitet werden, der die in der Einleitung dieses Abschnitts beschrieben Anforderungen erfüllt. Eine verbreitete Variante für den Reglerentwurf bei magnetisch gelagerten Spindeln ist die Arbeitspunktlinearisierung zur Herleitung und Auslegung linearer Regler. In der Literatur sind eine Vielzahl anderer Ansätze für den Reglerentwurf bekannt. Da hier die Spindel gewollt, hochgenau ausgelenkt werden soll, wird die in [16] vorgeschlagene Methode des flachheitsbasierten Reglerentwurfs angewendet. (In [17] wurde dieses Konzept bereits für eine magnetisch gelagerte Spindel mit vierphasigen elektromagnetischen Radiallagern ausführlich diskutiert.) Dabei wird das nichtlineare Modell in der Regelung explizit verwendet, wodurch höchste Anforderungen hinsichtlich des Folgeverhaltens der Spindel eingehalten werden können. Alternativ zur hier gewählten Beschreibung der Lage der Spindel wurde bereits in [5] die Regelung basierend auf der Beschreibung in zwei Ebenen vorgestellt, mit dem Ziel, die Regelung beispielsweise in der Werkzeugebene besser an den Bearbeitungsprozess angepasst parametrieren zu können.

In Abbildung 3.14 ist der Regelkreis schematisch dargestellt. Demnach wird durch einen Stromregler (inklusive des Pulsstellers) an die Spulen der Magnetlager eine Spannung $\boldsymbol{u}$ angelegt, wodurch der Strom $\boldsymbol{i}$ fließt. Durch Rückführung der gemessenen Lage der Spindel $\boldsymbol{q}$ kann bspw. die in der Stromregelung angenommene Induktivität der Lagerspulen angepasst werden. Der Stromregler stellt den Sollstrom $\boldsymbol{i}_d$ ein. Der Trajektoriengenerator erzeugt aus den Vorgaben des Bedieners (beispielsweise dem Radius einer Kreisbahn) die Zeitverläufe der Sollpositionen $\boldsymbol{q}_d$, der Sollgeschwindigkeiten $\dot{\boldsymbol{q}}_d$ und der Sollbeschleunigungen $\ddot{\boldsymbol{q}}_d$. Beobachter rekonstruieren die Lage $\hat{\boldsymbol{q}}$, die Geschwindigkeit $\dot{\hat{\boldsymbol{q}}}$ und Störbeschleunigungen $\boldsymbol{\beta}$ der Spindel. Im Folgeregler werden aus den Sollwerten und den vom Beobachter rekonstruierten Größen die Sollbeschleunigungen $\boldsymbol{a}_d$ berechnet. Durch Anwenden des mechanischen Modells können die Solllagerkräfte $\boldsymbol{F}_d$ bestimmt werden. Im elektromagnetischen Modell ist der Zusammenhang zwischen Lagerkraft, Lage der Spindel und Stromstärken hinterlegt. Damit können die Sollströme $\boldsymbol{i}_d$ zum Erzeugen der Sollkräfte berechnet werden. Die einzelnen Teile des Reglers werden im folgenden vorgestellt.

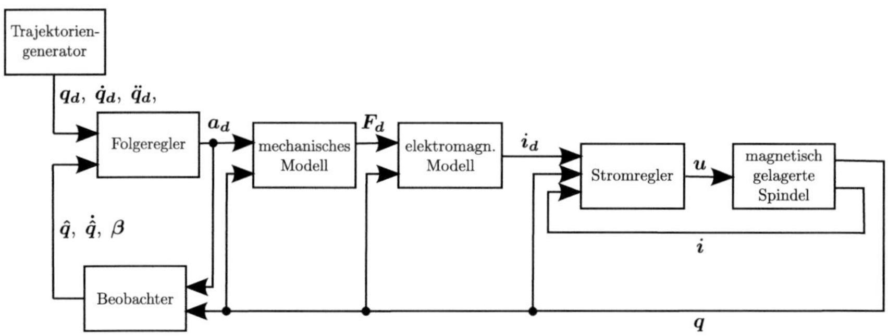

Abbildung 3.14: Schema der flachheitsbasierten Regelung

3.2.1 Stromregler

Die Grundlage für den Entwurf eines Stromreglers ist das Modell des elektrischen Verhaltens (3.13). Da bei diesem Modell die Lagerspulen der Magnetlager als entkoppelt betrachtet werden, soll der Reglerentwurf beispielhaft nur für eine Lagerspule gezeigt werden (Die anderen Lagerspulen können identisch behandelt werden.). Es soll ein Stromregler entworfen werden, der den Sollstrom innerhalb möglichst kurzer Zeit in der Lagerspule einstellt. Der Regler wird auf einem Digitalrechner implementiert.

Die Grundlage für den Reglerentwurf ist die Lösung der Differentialgleichung (3.13)

$$i\,(t) = \mathrm{e}^{-\frac{R}{L}t} i\,(0) + \int_0^t \frac{1}{L} \mathrm{e}^{-\frac{R}{L}(t-\tau)} u\,(\tau)\, d\tau. \tag{3.14}$$

Wird angenommen, dass durch die Pulssteller an jeder Lagerspule (eigentlich wird die Zwischenkreisspannung pulsbreitenmoduliert ausgegeben) eine während eines Abtastschritts (d.h. zwischen zwei Abtastzeitpunkten, Abtastzeit T_a) konstante Spannung $u \in \{-u_z,\ \ldots,\ u_z\}$ angelegt wird, kann das Integral in (3.14) berechnet werden:

$$i\,(T_a) = \left(i\,(0) - \frac{u}{R}\right) \mathrm{e}^{-\frac{R}{L}T_a} + \frac{u}{R}. \tag{3.15}$$

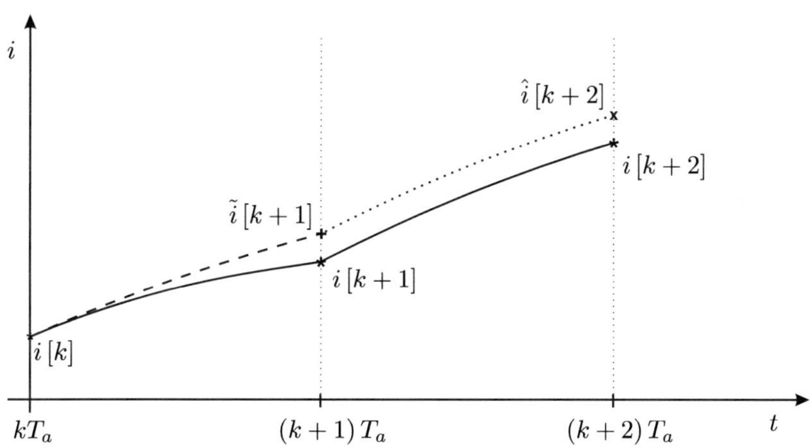

Abbildung 3.15: Zeitlicher Ablauf der Stromregelung

Der Ablauf eines Reglerzyklus soll mit Hilfe von Abbildung 3.15 verdeutlicht werden. Zum Zeitpunkt kT_a wird der Strom $i\,[k]$ gemessen. Mit Hilfe der im aktuellen Abtastschritt ausgegebenen Spannung $u\,[k]$ und dem gemessenen Strom kann durch Gl. (3.15) der Strom

$\tilde{i}[k+1]$ prädiziert werden,

$$\tilde{i}[k+1] = \left(i[k] - \frac{u[k]}{R}\right) \mathrm{e}^{-\frac{R}{L}T_a} + \frac{u[k]}{R}. \tag{3.16}$$

Aus dem prädizierten Stromwert $\tilde{i}[k+1]$ und dem Stromsollwert $\hat{i}[k+2]$ kann durch Umstellen von Gl. (3.15) nach u die im nächsten Abtastschritt auszugebende Spannung berechnet werden:

$$u[k+1] = R\left(\frac{\hat{i}[k+2] - \tilde{i}[k+1]}{1 - \mathrm{e}^{-\frac{R}{L}T_a}} + \tilde{i}[k]\right). \tag{3.17}$$

In Gleichung (3.17) wird die mittlere, im nächsten Abtastschritt auszugebende Spannung berechnet. Da die vom Pulssteller angelegte Spannung jedoch nur $-u_z$ oder u_z betragen kann, muss durch

$$t_{on}[k] = \frac{|u[k]|}{u_z} T_a \tag{3.18}$$

die Einschaltzeit t_{on} berechnet werden, wobei auf deren Beschränkung $t_{on} \leq T_a$ zu achten ist. Die Polarität der Spannung an der Lagerspule ist durch das Vorzeichen der berechneten Spannung u vorgegeben. (Ist $u \geq 0$ dann wird u_z positiv ausgegeben, sonst wird $-u_z$ an die Lagerspule angelegt.)

3.2.2 Elektromagnetisches Modell

Radiallager

Das dreiphasige elektromagnetische Lager kann drei unabhängige, am Rotor ziehende Magnetkräfte erzeugen. Durch deren Überlagerung ist es möglich, eine beliebig in der Lagerebene gerichtete, resultierende Lagerkraft zu erzeugen. Da man demnach drei Stellgrößen zum Einstellen der zwei Komponenten des Lagerkraftvektors hat, kann eine Magnetkraft unter der Berücksichtigung der Einschränkung, dass die Magnetkräfte am Rotor nur ziehen können, frei gewählt werden. (Hier wird die Lösung vorgestellt, bei der eine der drei Magnetkräfte frei gewählt wird. Alternativ kann auch eine zusätzliche Bedingung erfüllt werden: Beispielsweise muss bei Sternschaltung der Lagerspulen die Summe der Ströme Null sein. Die Lösung dafür ist in [6] und [7] beschrieben.)

Die in diesem Abschnitt vorgestellten Berechnungen werden beispielhaft für ein Radiallager gezeigt, auf die Unterscheidung zwischen den beiden Radiallagern der magnetisch gelagerten Spindel durch die Indizes v bzw. h wird zugunsten einer kürzeren Schreibweise verzichtet.

Die Gleichung (3.4) beschreibt die Überlagerung der drei Magnetkräfte. Dabei ist anschaulich klar, dass ein gewünschter resultierender Lagerkraftvektor $(F_{d,y}, F_{d,z})$ durch zwei der drei Magnetkräfte erzeugt werden kann. Das heißt, eine der drei Magnetkräfte kann Null sein. Setzt man jeweils eine der Magnetkräfte Null, so können aus Gleichung (3.4) drei Lösungen berechnet werden:

$$\begin{pmatrix} F_{1,1/2} \\ F_{2,1/2} \end{pmatrix} = \begin{pmatrix} \boldsymbol{e}_1 & \boldsymbol{e}_2 \end{pmatrix}^{-1} \begin{pmatrix} F_{d,y} \\ F_{d,z} \end{pmatrix}, \qquad F_{3,1/2} = 0,$$
$$\begin{pmatrix} F_{1,1/3} \\ F_{3,1/3} \end{pmatrix} = \begin{pmatrix} \boldsymbol{e}_1 & \boldsymbol{e}_3 \end{pmatrix}^{-1} \begin{pmatrix} F_{d,y} \\ F_{d,z} \end{pmatrix}, \qquad F_{2,1/3} = 0,$$
$$\begin{pmatrix} F_{2,2/3} \\ F_{3,2/3} \end{pmatrix} = \begin{pmatrix} \boldsymbol{e}_2 & \boldsymbol{e}_3 \end{pmatrix}^{-1} \begin{pmatrix} F_{d,y} \\ F_{d,z} \end{pmatrix}, \qquad F_{1,2/3} = 0.$$

Da durch die Magnete nur anziehende Kräfte erzeugt werden können, ist nur eine der Lösungen sinnvoll. Demnach ist zu prüfen, bei welcher der Lösungen alle Magnetkräfte positiv sind, und beispielsweise für F_1 kann eine geeignete Wahl durch

$$F_{d,1} = \begin{cases} F_{1,1/2} + F_0, & F_{1,1/2},\ F_{2,1/2} \geq 0 \\ F_{1,1/3} + F_0, \quad \text{falls} & F_{1,1/3},\ F_{3,1/3} \geq 0 \\ F_{1,2/3} + F_0, & F_{2,2/3},\ F_{3,2/3} \geq 0 \end{cases}$$

getroffen werden, wobei F_0 eine überlagerbare, positive Arbeitspunktkraft ist. Setzt man die Vorgabe für $F_{d,1}$ in die Gleichungen (3.4) ein, so kann man das Gleichungssystem nach den Magnetkräften $F_{d,2}$, $F_{d,3}$ auflösen:

$$\begin{pmatrix} F_{d,2} \\ F_{d,3} \end{pmatrix} = \begin{pmatrix} \boldsymbol{e}_2 & \boldsymbol{e}_3 \end{pmatrix}^{-1} \left(\begin{pmatrix} F_{d,y} \\ F_{d,z} \end{pmatrix} - \boldsymbol{e}_1 F_{d,1} \right). \tag{3.19}$$

Stehen die Lagermagnete unter den Winkeln $\alpha_1 = 180°$, $\alpha_2 = 60°$, $\alpha_3 = 300°$ (vgl. Abb. 3.3), so gilt

$$F_{d,y} = -F_{d,1} + \frac{1}{2}F_{d,2} + \frac{1}{2}F_{d,3}, \qquad F_{d,z} = \frac{1}{2}\sqrt{3}F_{d,2} - \frac{1}{2}\sqrt{3}F_{d,3}$$

und die Sollmagnetkraft $F_{d,1}$ lässt sich einfacher durch

$$F_{d,1} = \begin{cases} F_0, & \text{falls} \quad F_{d,y} > \frac{1}{\sqrt{3}}|F_{d,z}| \\ -F_{d,y} + \frac{1}{\sqrt{3}}|F_{d,z}| + F_0, & \phantom{\text{falls}} \quad F_{d,y} \leq \frac{1}{\sqrt{3}}|F_{d,z}| \end{cases}$$

vorgeben. Durch die gegebene Winkelstellung der Elektromagnete vereinfacht sich (3.19) zu

$$F_{d,2} = F_{d,y} + F_{d,1} + \frac{F_{d,z}}{\sqrt{3}}, \qquad F_{d,3} = F_{d,y} + F_{d,1} - \frac{F_{d,z}}{\sqrt{3}}.$$

Durch Umstellen der Gleichungen (3.2) können diejenigen Stromstärken berechnet werden, die nötig sind, um die vorgegebenen Magnetkräfte auf die Welle wirken zu lassen:

$$i_{d,1} = \left(\tilde{l}_0 - l_1\right)\sqrt{\frac{F_{d,1}}{\lambda}}, \qquad i_{d,2} = \left(\tilde{l}_0 - l_2\right)\sqrt{\frac{F_{d,2}}{\lambda}}, \qquad i_{d,3} = \left(\tilde{l}_0 - l_3\right)\sqrt{\frac{F_{d,3}}{\lambda}}$$

(umgeformtes Lagerkraftmodell). Die Luftspaltlängenänderungen l_1, l_2 und l_3 müssen aus der gemessenen Lage der Spindel mittels Gleichung (3.3) berechnet werden.

Axiallager

Durch die Vorgabe von $F_{d,x,p}$ mit

$$F_{d,x,p} = \begin{cases} F_{d,x} + F_{x,0}, & \text{falls} \quad F_{d,x} > 0 \\ F_{x,0}, & \phantom{\text{falls}} \quad F_{d,x} \leq 0 \end{cases}$$

lässt sich mit Gleichung (3.9) die zweite Magnetkraft

$$F_{d,x,n} = F_{d,x,p} - F_{d,x}$$

berechnen. Mit Hilfe der Modellgleichungen (3.8) können die Stromstärken zur Erzeugung der geforderten Lagerkraft bestimmt werden:

$$i_{d,x,p} = (l_{x,0} - x)\sqrt{\frac{F_{d,x,p}}{\lambda_x}}, \qquad i_{d,x,n} = (l_{x,0} + x)\sqrt{\frac{F_{d,x,n}}{\lambda_x}}.$$

3.2.3 Mechanisches Modell

Durch die Vorgabe gewünschter Sollbeschleunigungen $a_{d,x}$, $a_{d,y}$, $a_{d,z}$, $a_{d,\psi}$, $a_{d,\theta}$ in den Lagekoordinaten lassen sich mit den gemessenen Größen x und ω, sowie der Masse m, den Trägheitsmomenten J_1 und J_2 des Rotors, sowie den Abständen zwischen dem Koordinatenursprung und den Lagerebenen $l_{f,v}$, $l_{f,h}$ aus Gln. (3.1) die Lagerkräfte berechnen:

$$F_{d,x} = m\left(a_{d,x} - g_x\right) \tag{3.20a}$$

$$F_{d,v,y} = \frac{J_2 a_{d,\theta} + m\left(l_{f,h} + x\right)\left(a_{d,y} - g_y\right) - J_1 \omega \dot{\psi}}{l_{f,v} + l_{f,h}} \tag{3.20b}$$

$$F_{d,v,z} = \frac{-J_2 a_{d,\psi} + m\left(l_{f,h} + x\right)\left(a_{d,z} - g_z\right) - J_1 \omega \dot{\theta}}{l_{f,v} + l_{f,h}} \tag{3.20c}$$

$$F_{d,h,y} = \frac{-J_2 a_{d,\theta} + m\left(l_{f,v} - x\right)\left(a_{d,y} - g_y\right) + J_1 \omega \dot{\psi}}{l_{f,v} + l_{f,h}} \tag{3.20d}$$

$$F_{d,h,z} = \frac{J_2 a_{d,\psi} + m\left(l_{f,v} - x\right)\left(a_{d,z} - g_z\right) + J_1 \omega \dot{\theta}}{l_{f,v} + l_{f,h}}. \tag{3.20e}$$

In Abhängigkeit von den Trägheitseigenschaften (J_1 und J_2) der Spindel und der maximalen Winkelgeschwindigkeit ω können die Terme $J_1 \omega \dot{\psi}$ und $J_1 \omega \dot{\theta}$ vernachlässigt werden.

3.2.4 Folgeregler

Der Folgeregler soll erreichen, dass ein Fehler zwischen der vorgegebenen Sollbahn und der gemessenen Bahn der Welle abklingt. Der Entwurf des Folgereglers erfolgt durch die Vorgabe eines gewünschten Fehlerverhaltens. Zur Herleitung des Folgereglers müssen folgende Annahmen getroffen werden: Das nichtlineare Verhalten der Magnetlager und die Verkopplung im Starrkörperverhalten der Spindel werden ideal kompensiert und die linearisierte Regelstrecke (beispielsweise für die axiale Lagerung: Eingangsgröße a_x, Messgröße x) kann durch $a_x = \ddot{x}$ beschrieben werden. Um dieses System stabilisieren zu können, muss das vorgegebene Fehlerverhalten mindestens zweiter Ordnung sein[3]:

$$\ddot{e}_x + k_{x,1}\dot{e}_x + k_{x,0} e_x = 0, \tag{3.21}$$

[3]Die Wahl der Fehlerdynamik 2. Ordnung ist die einfachste Wahl. Eine gewünschte Fehlerdynamik mit höherer Ordnung führt zu anderen Regelgesetzen und anderem Verhalten.

wobei der Fehler e_x durch

$$e_x = x_d - x$$

definiert ist und die Koeffizienten $k_{x,0}$, $k_{x,1}$ das Abklingverhalten der Fehler bestimmen.

Ersetzt man $\ddot{x}$ in der Gleichung (3.21) unter Verwendung des Modells der durch die Kompensation exakt linearisiserten Regelstrecke und stellt dann nach der Beschleunigung a_x um, so erhält man das Regelgesetz

$$a_{d,x} = \ddot{x}_d + k_{x,1}\dot{e}_x + k_{x,0}e_x \tag{3.22}$$

Das Einstellen des Folgereglers soll durch die Vorgabe von Eigenwerten erfolgen. Eigenwerte sind die Nullstellen der charakteristischen Gleichung einer Differentialgleichung. Beispielsweise erhält man für die Gl. (3.21) die charakteristischen Gleichungen

$$s_x^2 + k_{x,1}s_x + k_{x,0} = 0.$$

Aus den Eigenwerten $s_{x,1}$, $s_{x,2}$ lassen sich die Reglerverstärkungen $k_{x,0}$, $k_{x,1}$ durch

$$k_{x,1} = -s_{x,1} - s_{x,2}, \qquad k_{x,0} = s_{x,1}s_{x,2}$$

berechnen.

3.2.5 Beobachter

Für den Folgeregler werden neben den gemessenen Lagekoordinaten auch die Geschwindigkeiten benötigt. Da diese jedoch nicht gemessen werden, müssen sie mit Hilfe von Beobachtern rekonstruiert werden. Der Beobachterentwurf soll beispielhaft für die x-Koordinate vorgestellt werden. Die Beobachter für die restlichen Lagekoordinaten sind entsprechend aufgebaut.

In [28] werden im wesentlichen zwei unterschiedliche Beobachter vorgestellt. Der erste ermöglicht die Rekonstruktion der Geschwindigkeit und einer langsam veränderlichen Störbeschleunigung, der zweite rekonstruiert zudem eine harmonische Störbeschleunigung mit bekannter Frequenz. Diese beiden Varianten werden in den folgenden Abschnitten nochmals gezeigt. Anschließend wird ein neuer Algorithmus zur Kompensation mehrerer harmonischer Störbeschleunigungen für magnetisch gelagerte Spindeln vorgestellt.

Beobachter zur Rekonstruktion konstanter Störbeschleunigungen

Für den Entwurf eines Beobachters wird ein geeignetes Modell der Regelstrecke benötigt. Dazu wird hier das Modell des durch den zuvor beschriebenen Regler exakt linearisierten Systems verwendet, wobei zusätzlich eine konstante, auf die Welle wirkende Störbeschleunigung β_x berücksichtigt wird, die beispielsweise durch fehlerhafte Angabe der Erdbeschleunigung entstehen kann:

$$\dot{x} = v_x \tag{3.23a}$$

$$\dot{v}_x = a_x + \beta_x \tag{3.23b}$$

$$\dot{\beta}_x = 0. \tag{3.23c}$$

Da die Anfangswerte der Systemgrößen unbekannt sind, reicht es zur Rekonstruktion des Zustands $(x,\ v_x,\ \beta_x)$ nicht aus, die Modellgleichungen zu simulieren. Durch eine mit den Beobachterverstärkungen $\hat{k}_{x,0..2}$ gewichtete Aufschaltung der Differenz zwischen dem Messwert x und dem vom Beobachter rekonstruierten Wert $\hat{x}$ für die Position, muss dafür gesorgt werden, dass die Beobachtungsfehler abklingen. Das bedeutet, dass die vom Beobachter

$$\dot{\hat{x}} = \hat{v}_x + \hat{k}_{x,0}\,(x - \hat{x}) \tag{3.24a}$$

$$\dot{\hat{v}}_x = a_x + \hat{\beta}_x + \hat{k}_{x,1}\,(x - \hat{x}) \tag{3.24b}$$

$$\dot{\hat{\beta}}_x = \hat{k}_{x,2}\,(x - \hat{x}) \tag{3.24c}$$

rekonstruierten Werte $\hat{x}$, $\hat{v}$ und $\hat{\beta}$ gegen die tatsächlichen Werte x, v und β konvergieren. Aus der Differenz zwischen den Modellgleichungen (3.23) und dem Beobachter (3.24) erhält man für den Beobachtungsfehler (jeweils mit ˜ gekennzeichnet)

$$\dot{\tilde{x}} = \tilde{v}_x - \hat{k}_{x,0}\tilde{x} \tag{3.25a}$$

$$\dot{\tilde{v}}_x = \tilde{\beta}_x - \hat{k}_{x,1}\tilde{x} \tag{3.25b}$$

$$\dot{\tilde{\beta}}_x = -\hat{k}_{x,2}\tilde{x}. \tag{3.25c}$$

Das Verhalten des Fehlers ist aus den Nullstellen der charakteristischen Gleichung des Differentialgleichungssystems (3.25) erkennbar

$$s_x^3 + \hat{k}_{x,0}s_x^2 + \hat{k}_{x,1}s_x + \hat{k}_{x,2} = 0. \tag{3.26}$$

Durch die Vorgabe geeigneter Eigenwerte $s_{x,1}$, $s_{x,2}$ und $s_{x,3}$, welche die Lösungen der Gleichung (3.26) sind, können die Beobachterverstärkungen $\hat{k}_{x,0}$, $\hat{k}_{x,1}$ und $\hat{k}_{x,2}$ berechnet werden:

$$\begin{aligned}\hat{k}_{x,0} &= -s_{x,1} - s_{x,2} - s_{x,3},\\ \hat{k}_{x,1} &= s_{x,1}s_{x,2} + s_{x,1}s_{x,3} + s_{x,2}s_{x,3},\\ \hat{k}_{x,2} &= -s_{x,1}s_{x,2}s_{x,3}.\end{aligned}$$

Für die Implementierung des Beobachters auf einem Digitalrechner ist die Diskretisierung der Beobachtergleichungen notwendig. Da die Abtastzeit gegenüber Systemzeitkonstanten sehr klein ist, können die durch die einfache Diskretisierung verursachten Fehler vernachlässigt werden. Die Auswahl der Beobachterverstärkungen basiert daher auf dem zeitkontinuierlichen Beobachter (3.24). Für den Beobachter werden die Gleichungen

$$\hat{x}[k+1] = \hat{x}[k] + T_a\left(\hat{v}_x[k] + \hat{k}_{x,0}(x[k] - \hat{x}[k])\right) \tag{3.27a}$$

$$\hat{v}_x[k+1] = \hat{v}_x[k] + T_a\left(a_x[k] + \hat{\beta}_x[k] + \hat{k}_{x,1}(x[k] - \hat{x}[k])\right) \tag{3.27b}$$

$$\hat{\beta}_x[k+1] = \hat{\beta}_x[k] + T_a\hat{k}_{x,2}(x[k] - \hat{x}[k]) \tag{3.27c}$$

implementiert, wobei T_a die Abtastzeit ist.

Beobachter zur Rekonstruktion konstanter und einer harmonischen Störbeschleunigung

Da bei der Rotation der Welle durch die Restunwucht, die Bearbeitungskräfte, den magnetischen Zug des Motors und durch Messspurfehler Regelabweichungen auftreten, müssen auch harmonische Störbeschleunigungen mit Rotationsfrequenz rekonstruiert und kompensiert werden. Dazu wird das Modell der Regelstrecke um einen Oszillator erweitert:

$$\dot{x} = v_x \tag{3.28a}$$

$$\dot{v}_x = a_x + \beta_x + \gamma_{x,1} \tag{3.28b}$$

$$\dot{\beta}_x = 0 \tag{3.28c}$$

$$\dot{\gamma}_{x,1} = \gamma_{x,2} \tag{3.28d}$$

$$\dot{\gamma}_{x,2} = -\omega^2\gamma_{x,1}. \tag{3.28e}$$

Der Beobachter wird entsprechend dem erweiterten Modell (3.28) angepasst:

$$\dot{\hat{x}} = \hat{v}_x + \hat{k}_{x,0}\,(x - \hat{x}) \tag{3.29a}$$
$$\dot{\hat{v}}_x = a_x + \hat{\beta}_x + \hat{\gamma}_{x,1} + \hat{k}_{x,1}\,(x - \hat{x}) \tag{3.29b}$$
$$\dot{\hat{\beta}}_x = \hat{k}_{x,2}\,(x - \hat{x}) \tag{3.29c}$$
$$\dot{\hat{\gamma}}_{x,1} = \hat{\gamma}_{x,2} + \hat{k}_{x,3}\,(x - \hat{x}) \tag{3.29d}$$
$$\dot{\hat{\gamma}}_{x,2} = -\omega^2\hat{\gamma}_{x,1} + \hat{k}_{x,4}\,(x - \hat{x})\,. \tag{3.29e}$$

Die Aufschaltung der Abweichung zwischen der gemessenen Position und dem vom Beobachter ausgegebenen Positionswert sorgt bei geeigneter Wahl der Beobachterverstärkungen für die Konvergenz zwischen den rekonstruierten und den tatsächlichen Systemgrößen.

Der Fehler (jeweils mit ~ gekennzeichnet) zwischen dem Beobachterzustand und den tatsächlichen Größen kann durch

$$\begin{aligned}
\dot{\tilde{x}} &= \tilde{v}_x - \hat{k}_{x,0}\tilde{x} \\
\dot{\tilde{v}}_x &= \tilde{\beta}_x + \tilde{\gamma}_{x,1} - \hat{k}_{x,1}\tilde{x} \\
\dot{\tilde{\beta}}_x &= -\hat{k}_{x,2}\tilde{x} \\
\dot{\tilde{\gamma}}_{x,1} &= \tilde{\gamma}_{x,2} - \hat{k}_{x,3}\tilde{x} \\
\dot{\tilde{\gamma}}_{x,2} &= -\omega^2\tilde{\gamma}_{x,1} - \hat{k}_{x,4}\tilde{x}
\end{aligned}$$

beschrieben werden, wobei die Nullstellen der charakteristischen Gleichung

$$s_x^5 + s_x^4\hat{k}_{x,0} + \left(\hat{k}_{x,0} + \omega^2\right)s_x^3 + \left(\hat{k}_{x,3} + \hat{k}_{x,2} + \hat{k}_{x,0}\omega^2\right)s_x^2 + \left(\hat{k}_{x,1}\omega^2 + \hat{k}_{x,4}\right)s_x + \hat{k}_{x,2}\omega^2 = 0$$

das Fehlerverhalten bestimmen. Durch Vorgabe der Beobachtereigenwerte $s_{x,1}$, $s_{x,2}$, $s_{x,3}$, $s_{x,4}$ und $s_{x,5}$ können die Beobachterverstärkungen $\hat{k}_{x,0}$, $\hat{k}_{x,1}$, $\hat{k}_{x,2}$, $\hat{k}_{x,3}$ und $\hat{k}_{x,4}$ mittels

$$\begin{aligned}
\hat{k}_{x,0} &= -s_{x,1} - s_{x,2} - s_{x,3} - s_{x,4} - s_{x,5} \\
\hat{k}_{x,1} &= \sum_{o=1}^{4}\sum_{p=o+1}^{5} s_{x,o}s_{x,p} - \omega^2 \\
\hat{k}_{x,2} &= -\frac{s_{x,1}s_{x,2}s_{x,3}s_{x,4}s_{x,5}}{\omega^2}
\end{aligned}$$

$$\hat{k}_{x,3} = -\hat{k}_{x,2} - \omega^2 \hat{k}_{x,0} - \sum_{o=1}^{3} \sum_{p=o+1}^{4} \sum_{q=p+1}^{5} s_{x,o} s_{x,p} s_{x,q}$$
$$\hat{k}_{x,4} = \sum_{o=1}^{2} \sum_{p=o+1}^{3} \sum_{q=p+1}^{4} \sum_{r=q+1}^{5} s_{x,o} s_{x,p} s_{x,q} s_{x,r} - \omega^2 \hat{k}_{x,1}$$

berechnet werden. Für die Implementierung des Beobachters werden die Gleichungen (3.29) diskretisiert (vgl. Abschn. 3.2.5):

$$\begin{aligned}
\hat{x}[k+1] &= \hat{x}[k] + T_a \left(\hat{v}_x[k] + \hat{k}_{x,0}(x[k] - \hat{x}[k])\right) \\
\hat{v}_x[k+1] &= \hat{v}_x[k] + T_a \left(a_x[k] + \hat{\beta}_x[k] + \hat{\gamma}_{x,1}[k] + \hat{k}_{x,1}(x[k] - \hat{x}[k])\right) \\
\hat{\beta}_x[k+1] &= \hat{\beta}_x[k] + T_a \hat{k}_{x,2}(x[k] - \hat{x}[k]) \\
\hat{\gamma}_{x,1}[k+1] &= \cos(\omega T_a)\hat{\gamma}_{x,1}[k] + \frac{\sin(\omega T_a)}{\omega}\hat{\gamma}_{x,2}[k] + T_a \hat{k}_{x,3}(x[k] - \hat{x}[k]) \\
\hat{\gamma}_{x,2}[k+1] &= \cos(\omega T_a)\hat{\gamma}_{x,2}[k] - \omega \sin(\omega T_a)\hat{\gamma}_{x,1}[k] + T_a \hat{k}_{x,4}(x[k] - \hat{x}[k]) \,.
\end{aligned}$$

Algorithmus zur Kompensation mehrerer harmonischer Störbeschleunigungen

Die magnetisch gelagerte Spindel soll einer vorgegebenen Bahn synchron zur Rotation folgen. Daraus folgt, dass systematische Regelabweichungen periodisch mit der Rotation der Spindel auftreten. Demnach ist es sinnvoll, diese Regelabweichung e in Abhängigkeit vom Drehwinkel ϕ des Rotors zu betrachten. Da es sich um ein periodisches Signal handelt, bietet es sich an, die Regelabweichung e als Fourierreihe $\hat{e}_n$ zu entickeln

$$\hat{e}_n(\phi) = \frac{v_0}{2} + \sum_{p=1}^{n} \left[v_{c,p}\cos(p\phi) + v_{s,p}\sin(p\phi)\right], \tag{3.30}$$

wobei gilt

$$v_0 = \frac{1}{\pi}\int_{\phi_0}^{\phi_0+\pi} e(\phi)\ \mathrm{d}\phi, \tag{3.31}$$

$$v_{c,p} = \frac{1}{p\pi}\int_{\phi_0}^{\phi_0+\pi} e(\phi)\cos(p\phi)\ \mathrm{d}\phi, \qquad v_{s,p} = \frac{1}{p\pi}\int_{\phi_0}^{\phi_0+\pi} e(\phi)\sin(p\phi)\ \mathrm{d}\phi. \tag{3.32}$$

Für die Kompensation der auftretenden Regelabweichungen werden nur die Terme der Fourierreihe berücksichtigt, die nennenswerte Amplituden $v_{c,p}$ bzw. $v_{s,p}$ aufweisen. Im anschließend beschriebenen Anwendungsfall hat es sich ergeben, dass die Fourierreihe nur bis $n = 5$ betrachtet werden muss. Die Anzahl der erforderlichen Vielfachen der Drehfrequenz hängt stark von der vorgegebenen Solltrajektorie ab. Der Gleichanteil v_0 kann außer Betracht gelassen werden, da dieser bereits durch den beschriebenen Folgeregler mit Aufschaltung der vom Beobachter rekonstruierten konstanten Störbeschleunigung ausgeglichen wird.

Durch die Magnetlager können Kompensationskräfte nur endlich schnell erzeugt werden. Das hat zur Folge, dass dadurch unter Berücksichtigung der gewünschten Arbeitsdrehzahl die Anzahl der Vielfachen limitiert ist, da erforderliche Kompensationskräfte nicht oder nicht schnell genug erzeugt werden können. Schließlich ist dadurch die Realisierbarkeit einer Solltrajektorie bei einer gewünschten Drehzahl eingeschränkt.

Der Vorteil der Fourierreihenentwicklung ist, dass problemlos die Zeitableitungen des interessanten Signalanteils berechnet werden können. Die Ableitung des Drehwinkels $\dot{\phi}$ ist die Winkelgeschwindigkeit ω. Für die Aufschaltung werden die erste und zweite Ableitung

$$\dot{\hat{e}}_n(\phi) = \sum_{p=1}^{n} \left[-v_{c,p} p\omega \sin(p\phi) + v_{s,p} p\omega \cos(p\phi)\right], \tag{3.33}$$

$$\ddot{\hat{e}}_n(\phi) = \sum_{p=1}^{n} \left[-v_{c,p} p^2\omega^2 \cos(p\phi) - v_{s,p} p^2\omega^2 \sin(p\phi)\right] \tag{3.34}$$

verwendet. Die zweite Ableitung ist diejenige Beschleunigung, die auf den Rotor wirkend zur Regelabweichung geführt hat. Prinzipiell könnte diese direkt als zusätzliche Sollbeschleunigung in der Regelung aufgeschaltet werden, jedoch wird die Regelabweichung dadurch nur etwas reduziert. Die Ursache für die Regelabweichungen, gerade auch im Leerlauf der Spindel, sind Unbestimmtheiten, die hauptsächlich in der Ansteuerung der Magnetlager zu suchen sind. Bei einer einfachen Aufschaltung der Sollbeschleunigung würde jedoch die gleiche Ansteuerung wirksam. Ziel ist es, bezüglich des mit der Fourierreihe approximierten Messsignals keine bleibende Regelabweichung zu haben. In Gl. (3.22) wird die Sollbeschleunigung in Abhängigkeit vom Sollpositionsverlauf und vom gemessenen Positionsverlauf berechnet, so dass der geschlossene Regelkreis sich entsprechend der Differentialgleichung (3.21) verhält. Dementsprechend wird die Kompensation der periodischen Regelabweichungen entsprechend

$$\tilde{a} = \ddot{\tilde{e}} + k_1\dot{\tilde{e}} + k_0\tilde{e} \tag{3.35}$$

vorgenommen, wobei zur vollständigen Kompensation die Koeffizienten zeitlich kumuliert werden

$$\tilde{v}_{c,p} = \int v_{c,p}(t)\ \mathrm{d}t, \qquad \tilde{v}_{s,p} = \int v_{s,p}(t)\ \mathrm{d}t. \tag{3.36}$$

Setzt man die Gleichungen (3.30)–(3.36) ineinander ein, so erhält man eine Gleichung zur Berechnung der aufzuschaltenden Sollbeschleunigung

$$\tilde{a} = \sum_{p=1}^{n} \left[\left(k_0 \tilde{v}_{c,p} + k_1 \tilde{c}_{s,p} p\omega - \tilde{v}_{c,p} p^2 \omega^2\right) \cos(p\phi) + \left(k_0 \tilde{v}_{s,p} - k_1 \tilde{v}_{c,p} p\omega - \tilde{v}_{s,p} p^2 \omega^2\right) \sin(p\phi) \right].$$

3.2.6 Trajektoriengenerator

Der Trajektoriengenerator hat die Aufgabe, aus den vom Bediener vorgegebenen Bahnparametern, beispielsweise dem Radius einer Kreisbahn, die dazugehörigen Zeitverläufe der Lagekoordinaten der Welle zu erzeugen. Dabei muss beachtet werden, dass die Position der Welle und die zugehörige Geschwindigkeit sich nicht sprunghaft ändern können, das heißt, die vorgegebenen Zeitverläufe für die Lagekoordinaten müssen zweimal differenzierbar sein. Da die flachheitsbasierte Folgeregelung die Sollwerte der Lagekoordinaten, der Geschwindigkeiten und der Beschleunigungen verwendet, müssen diese vom Trajektoriengenerator ausgegeben werden.

Vor dem Einschalten der Regelung liegt die Welle im Fanglager. Der Trajektoriengenerator muss daher zunächst eine Bahn von der Position im Fanglager zur aktuell eingestellten Sollposition planen. Die Vorgabe dieser Trajektorie kann bspw. mit geeigneten Polynomen erfolgen, z.B. für die x-Richtung

$$x_d(t) = x_a + \frac{x_e t^3}{\Delta_T^3}\left(1 - 3t_\Delta + 6t_\Delta^2\right), \tag{3.37a}$$

$$\dot{x}_d(t) = \frac{3t^2 x_e}{\Delta_T^3}\left(\left(1 - 3t_\Delta + 6t_\Delta^2\right) + \frac{t}{\Delta_T}\left(4t_\Delta - 1\right)\right), \tag{3.37b}$$

$$\ddot{x}_d(t) = \frac{6t x_e}{\Delta_T^3}\left(\frac{t}{\Delta_T}\left(12t_\Delta - 3\right) + \frac{2t^2}{\Delta_T^2} + \left(1 - 3t_\Delta + 6t_\Delta^2\right)\right), \tag{3.37c}$$

wobei $t_\Delta = \frac{t}{\Delta_T} - 1$ ist. Der Übergang zwischen zwei Sollwertvorgaben ist durch den Anfangswert x_a, den Endwert x_e und die Übergangszeit Δ_T parametrierbar (vgl. Abb. 3.16). Die Planung solcher Übergänge muss für die Lagekoordinaten x, y, z, ψ und θ, aber auch für die Bahnparameter (z.B. die Halbachsenradien r_y und r_z) erfolgen.

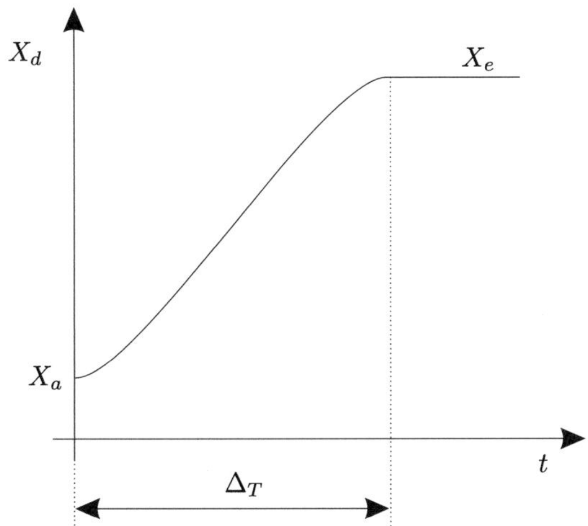

Abbildung 3.16: Übergang zwischen zwei Sollwertvorgaben

Die Unrundbearbeitung von Werkstücken erfordert die winkelsynchrone Auslenkung der Welle entsprechend einer vorgegebenen Bahn. Dafür sind im Trajektoriengenerator unterschiedliche Bahngeneratoren vorgesehen, beispielsweise für Kreisbahnen, Ellipsenbahnen und sogenannte doppelovale Bahnen. Da bei der Unrundbearbeitung nur die Bahn der Werkzeugschneide von Interesse ist, gibt es unterschiedliche Möglichkeiten die Welle auszulenken. Sie kann achsparallel ausgelenkt werden, so dass die Auslenkung in allen Lager- und Messebenen gleich ist, oder sie wird in einer vom Anwender wählbaren Ebene (ausgenommen der Schneidenebene) nicht ausgelenkt, wobei durch Schrägstellen („Verkippeln") der Welle die gewünschte Auslenkung am Werkzeug erreicht wird (vgl. Abb. 3.17). Die Parameter beim Schrägstellen der Welle sind der Abstand l_{fix} zwischen Massenmittelpunkt der Welle und der Ebene des Ruhepunkts und der Abstand l_{tool} zwischen Massenmittelpunkt und Werkzeugebene. Soll die Schneide des Werkzeugs die winkelabhängige Bahn $y_{tool}(\phi)$ und $z_{tool}(\phi)$ beschreiben, so erhält man für die achsparallele Auslenkung die Sollverläufe der Positionen aus

$$y_d = y_{tool}, \qquad z_d = z_{tool},$$
$$\psi_d = 0, \qquad \theta_d = 0.$$

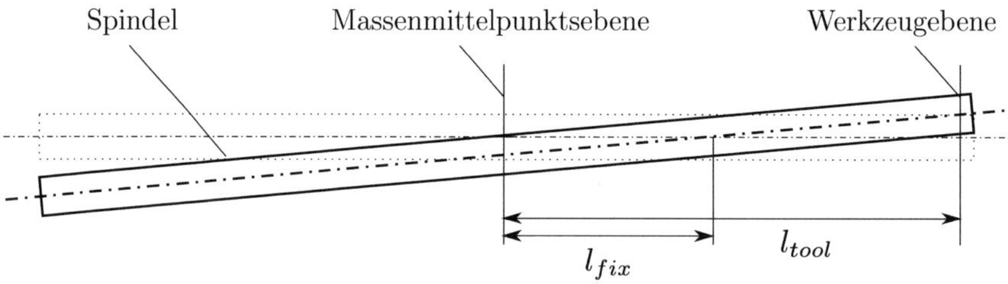

Abbildung 3.17: Verkipptes Auslenken der Welle

Beim Auslenken durch Verkippeln ergeben sich die Sollverläufe aus

$$y_d = -\frac{l_{fix}}{l_{tool} - l_{fix}} y_{tool}, \qquad z_d = -\frac{l_{fix}}{l_{tool} - l_{fix}} z_{tool},$$

$$\psi_d = \frac{1}{l_{tool} - l_{fix}} y_{tool}, \qquad \theta_d = \frac{1}{l_{tool} - l_{fix}} z_{tool}.$$

Die Sollverläufe für die Geschwindigkeiten und die Beschleunigungen ergeben sich entsprechend aus den Zeitableitungen.

Im weiteren werden als Beispiele die Generatoren für Ellipsenbahnen und sogenannte doppelovale Bahnen vorgestellt. Da die Auslenkung des Werkzeugs bei der Unrundbearbeitung stets winkelsynchron erfolgen soll, werden die Auslenkungen in Richtung der Lagekoordinaten in Abhängigkeit vom Drehwinkel der Welle ϕ entworfen. Bei der Vorgabe der Solltrajektorien wird eine konstante Drehzahl angenommen ($\dot{\omega} = 0$), d.h. es sind nur sehr langsame Drehzahländerungen zulässig.

Vorgabe kreisförmiger und elliptischer Bahnen

Da die Welle als starr angenommen wird, kann die Bahn der Werkzeugschneide durch die Bahn des Mittelpunkts der Welle beschrieben werden. Die elliptische Bahn wird durch die beiden Halbachsenradien r_y und r_z parametriert (vgl. Abb. 3.18). Zur Beschreibung der Ellipse wird die Parameterdarstellung

$$y_{tool} = r_y \cos \tilde{\phi}, \qquad z_{tool} = r_z \sin \tilde{\phi}$$

verwendet. Da der Parameter $\tilde{\phi}$ nicht immer mit dem Auslenkungswinkel $\phi = \arctan\left(\frac{z}{y}\right)$ übereinstimmt, entsteht bei großer Exzentrizität der Ellipse ein Fehler. Dieser kann vernachlässigt werden, da der Abstand zwischen dem Mittelpunkt der Welle und der Werkzeugschneide deutlich größer ist als die Auslenkung der Welle. Ein Spezialfall der Ellipse ist der Kreis, bei dem die Halbachsenradien r_y und r_z gleich groß sind. Die Sollverläufe für die Geschwindigkeiten und die Beschleunigungen ergeben sich aus der ersten bzw. zweiten Zeitableitung der Sollbahn.

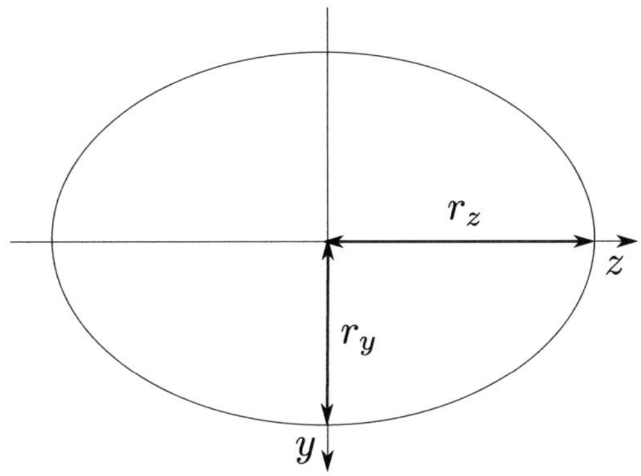

Abbildung 3.18: Elliptische Bahn

Überlagerung elliptischer und sogenannter doppelovaler Bahnen

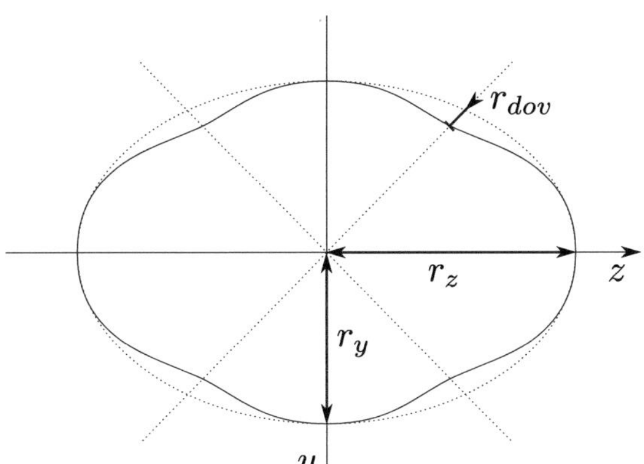

Abbildung 3.19: Kombination von elliptischer und sogenannter doppelovaler Bahn

Bei der Überlagerung einer elliptischen und einer doppelovalen Bahn können die beiden Halbachsenradien r_y und r_z der Ellipse und die Amplitude der sogenannten Doppelovalität

r_{dov} vorgegeben werden. Die Überlagerung der Doppelovalität wirkt sich so aus, dass unter 45°, 135°, 225° und 315° die elliptische Bahn um r_{dov} ausgebeult bzw. eingeschnürt wird. Die Bahn der Schneide kann durch

$$
\begin{aligned}
y_{tool} &= \left(r_y + \frac{r_{dov}}{2}\left(1-\cos 4\phi\right)\right)\cos\phi,\\
\dot{y}_{tool} &= \omega\left(-\sin\phi\left(r_y + \frac{r_{dov}}{2}\left(1-\cos 4\phi\right)\right) + 2r_{dov}\cos\phi\sin 4\phi\right),\\
\ddot{y}_{tool} &= \omega^2\left(-\cos\phi\left(r_y + \frac{r_{dov}}{2}\left(1-\cos 4\phi\right)\right) - 4r_{dov}\sin 4\phi\sin\phi + 8r_{dov}\cos\phi\cos 4\phi\right),\\
z_{tool} &= \left(r_z + \frac{r_{dov}}{2}\left(1-\cos 4\phi\right)\right)\sin\phi,\\
\dot{z}_{tool} &= \omega\left(\cos\phi\left(r_z + \frac{r_{dov}}{2}\left(1-\cos 4\phi\right)\right) + 2r_{dov}\sin\phi\sin 4\phi\right),\\
\ddot{z}_{tool} &= \omega^2\left(-\sin\phi\left(r_z + \frac{r_{dov}}{2}\left(1-\cos 4\phi\right)\right) + 4r_{dov}\cos\phi\sin 4\phi + 8r_{dov}\sin\phi\cos 4\phi\right)
\end{aligned}
$$

beschrieben werden.

Trompetenform

Bei einigen Anwendungen der magnetisch gelagerten Spindel werden Auslenkungen der Welle in Abhängigkeit von der Vorschubposition X_{VS} des Werkzeugs gefordert (z.B. wie in Abbildung 3.20 links). Deswegen ist es dafür notwendig, die Position des Längsschlittens, auf dem sich beispielsweise das Werkstück befindet, zu erfassen. Da die in Längsrichtung einer Bohrung vorgegebenen Konturen weitestgehend beliebig seien können, empfiehlt es sich, dem Anwender die Vorgabe von Auslenkungspunkten zu ermöglichen (vgl. Abbildung 3.20 rechts) und zwischen diesen zu interpolieren. Dafür kann beispielsweise der folgende Algorithmus verwendet werden.

Wenn $(X_{VS,1},\ r_{t,1})$, $(X_{VS,2},\ r_{t,2})$, $(X_{VS,3},\ r_{t,3})$, $(X_{VS,4},\ r_{t,4})$, $(X_{VS,5},\ r_{t,5})$ die vom Anwender vorgegebenen Stützstellen sind (Die vorgegebenen Stützstellen müssen bezüglich der x-Koordinate sortiert vorliegen.), so wird jedem dieser Punkte gleichzeitig durch

$$
\begin{aligned}
r'_{t,1} &= 0, & & \\
r'_{t,2} &= \frac{r_{t,2}-r_{t,1}}{X_{VS,2}-X_{VS,1}}, & r'_{t,3} &= \frac{r_{t,3}-r_{t,2}}{X_{VS,3}-X_{VS,2}},\\
r'_{t,4} &= \frac{r_{t,4}-r_{t,3}}{X_{VS,4}-X_{VS,3}}, & r'_{t,5} &= \frac{r_{t,5}-r_{t,4}}{X_{VS,5}-X_{VS,4}}
\end{aligned}
$$

ein Anstieg zugeordnet.

In Abbildung 3.21 wird die Interpolation zwischen zwei Stützstellen veranschaulicht. Der Wert für die x-Koordinate liegt zwischen $X_{VS,k}$ und $X_{VS,k+1}$. Die Geraden $b_k(X_{VS})$ und $b_{k+1}(X_{VS})$, die mit dem zugehörigen Anstieg $r'_{t,k}$, $k \in \{1, \ldots, 5\}$ durch die Stützstellen verlaufen, lauten

$$\begin{aligned} b_k(X_{VS}): &\qquad r_t = r_{t,k} + (X_{VS} - X_{VS,k})\, r'_{t,k}, \\ b_{k+1}(X_{VS}): &\qquad r_t = r_{t,k+1} + (X_{VS} - X_{VS,k+1})\, r'_{t,k+1}. \end{aligned}$$

Zwischen diesen beiden Geraden wird linear interpoliert, was bewirkt, dass die Anstiege in den Stützstellen gerade den vorgegebenen Anstiegswerten entsprechen (vgl. Abbildung 3.21):

$$r_t = \frac{(X_{VS,k+1} - X_{VS})\, b_k(X_{VS}) + (X_{VS} - X_{VS,k})\, b_{k+1}(X_{VS})}{X_{VS,k+1} - X_{VS,k}}.$$

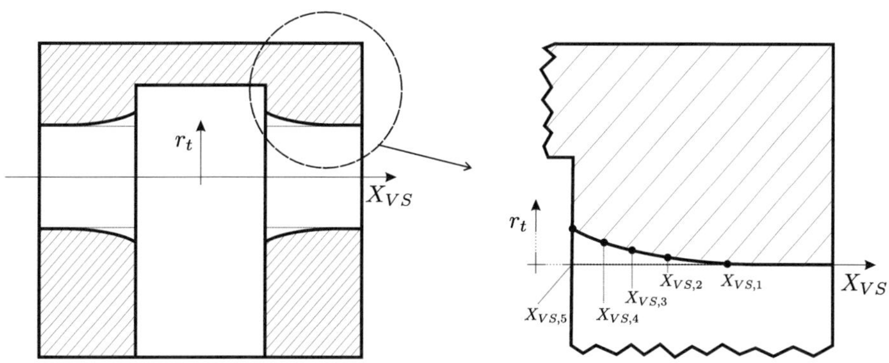

Abbildung 3.20: Schnittdarstellung eines Kolbens mit trompetenförmiger Bohrung

Gibt man durch ähnliche Stützstellen andere Parameter vor (wie r_y, r_z, r_{dov}, etc.), so können in Längsrichtung der Bohrung unterschiedliche Konturen variiert und kombiniert werden.

3.3 Ergebnisse

Die zuvor beschriebnen Regleralgorithmen wurden in der Software einer Reglerelektronik implementiert und wurden durch diese zyklisch neu berechnet. Die Abtastrate von bis zu

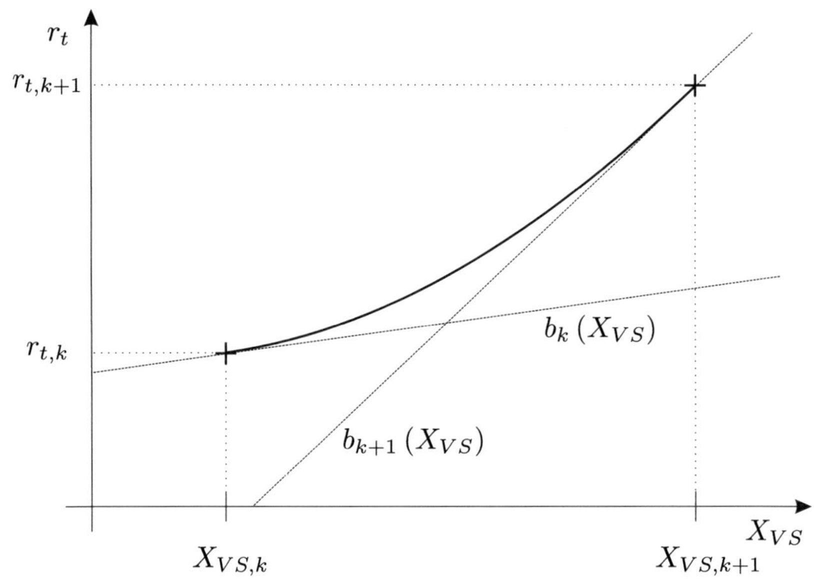

Abbildung 3.21: Interpolation zwischen zwei Stützstellen

32 kHz im Vergleich zum Systemverhalten erlaubte die Behandlung als quasikontinuierliches System. Die Reglerelektronik steuerte geeignete Pulssteller an, die die geforderten Sollströme einstellten. Wirbelstromsensoren maßen die Lage der Welle. Es wurden eine Vielzahl praktischer Tests durchgeführt. In den folgenden Abschnitten sollen ausgewählte Ergebnisse dieser Tests vorgestellt werden.

3.3.1 Ergebnisse im Leerlauf der Spindel

Die Messergebnisse des Folgeverhaltens Abbildungen 3.22–3.24 wurden an der magnetisch gelagerten Spindel des Lehrstuhls für Systemtheorie und Regelungstechnik der Universität des Saarlandes aufgezeichnet. Diese magnetisch gelagerte Spindel gleicht dem Aufbau nach der Spindel des Instituts für Regelungs- und Steuerungstheorie der Technischen Universität Dresden (siehe Abbildung 3.1).

In Abbildung 3.22 oben sind die radialen Positionsmesswerte der Spindel im Leerlauf bei 11.000 min^{-1} dargestellt. Trotz Sensorrauschens betrug die maximale Abweichung innerhalb der Messung nur $\pm 0,45\ \mu\text{m}$. Die hohe Positioniergenauigkeit trotz Rotation der Spindel kann nur erreicht werden, da die erforderlichen Lagerkräfte bspw. zur Kompensation der Zentrifugalkräfte aufgrund der Restunwucht mit Hilfe des Beobachters zur Rekonstruktion einer harmonischen Störbeschleunigung aufgeschaltet wurden. In Abbildung 3.22 unten sind die im Leerlauf der Spindel fließenden Ströme in den Radiallagern dargestellt. Dabei ist zu erkennen, dass je Radiallager einer der Ströme auf dem Arbeitspunktniveau von ca. 1 A lag, während die jeweils beiden anderen mit ca. 3 A bzw. 4 A die Gewichtskraft erzeugten. Die zu erkennende Schwankung auf den Strömen entstand durch die vorhandene Restunwucht der Spindel.

Die Abbildung 3.23 oben zeigt die radialen Positionsmesswerte bei einer winkelsynchronen Auslenkung des Werkzeugs in y-Richtung mit einer Amplitude von 15 μm. Die Welle wurde dabei verkippt ausgelenkt, das heißt, der Massenmittelpunkt lag in Ruhe, während die gewünschte Auslenkung durch Schrägstellen der Spindel erreicht wurde. Im Diagramm 3.23 sind die Positionsmesswerte dargestellt. Aufgrund der unterschiedlichen Abstände des Massenmittelpunkts zu den Messebenen ergaben sich unterschiedliche Amplituden für die Auslenkungen. Die Spindel folgte der schwarz eingezeichneten Referenztrajektorie gut. Die maximale Abweichung betrug ca. $0,5$ μm. Für das Erreichen dieses guten Folgeverhaltens wurden harmonische Störbeschleunigungen mit Drehfrequenz mit Hilfe des Beobachters rekonstruiert und auf die Sollbeschleunigungen in der Regelung aufgeschaltet. Die für diese Bewegung erforderlichen Stellströme sind in Abbildung 3.23 unten gezeigt. Die Ströme erreichten Maximalwerte von bis zu $6,4$ A und fielen bis auf den der Arbeitspunktkraft entsprechenden Strom von ca. 1 A.

Bei einem dritten Versuch wurde die Welle winkelsynchron, parallel zur Hauptachse der Spindel ausgelenkt. Dabei beschrieb die Spindel eine Kreisbahn mit einem Radius von 2 μm, der eine sogenannte Doppelovalität mit einer Amplitude von $-0,5$ μm überlagert wurde. Das Messergebnis bei diesem Versuch ist in Abbildung 3.24 oben gezeigt. Man sieht aufgrund der kleinen Auslenkungen, dass sich das Sensorrauschen und Einflüsse sonstiger Störungen relativ stark auswirken. Dennoch sind die Abweichungen klein ($< 0,5$ μm). Aufgrund der anspruchsvolleren Solltrajektorie sind Lagerkräfte mit Drehfrequenz und deren Vielfache erforderlich. Um Anteile der Regelabweichungen mit Vielfachen (bis zum 5-fachen) der Drehfrequenz auszugleichen, wurde hierbei der Algorithmus zur Kompensation mehrerer harmonischer Störbeschleunigungen verwendet. Die zugehörigen Sollstromverläufe sind in Abbildung 3.24 unten dargestellt. Man erkennt, dass aufgrund der Bahnvorgabe deutlich höherfrequente Sollstromverläufe als bei den vorherigen Versuchen erforderlich sind.

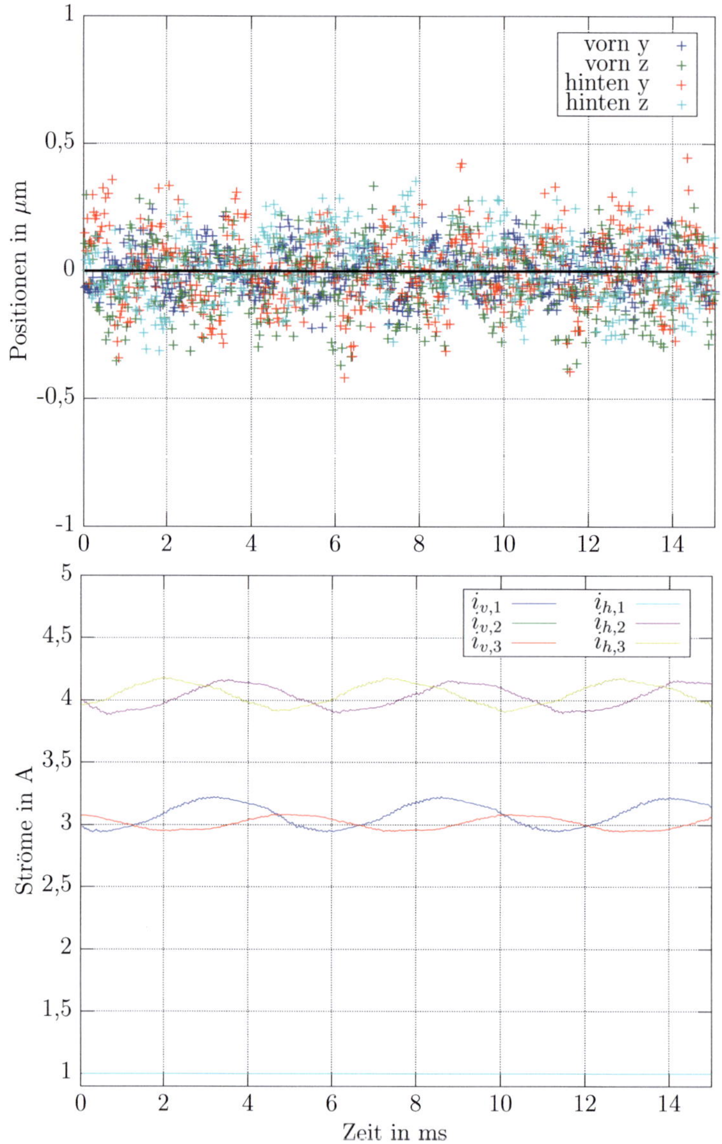

Abbildung 3.22: oben: gemessene Positionen in y- und z-Richtung in der vorderen und der hinteren Messebene, jeweils schwarz der zugehörige Sollverlauf (Mittellage bei 11.000 min^{-1}), unten: zugehörige Sollstromverläufe im vorderen und hinteren Radiallager

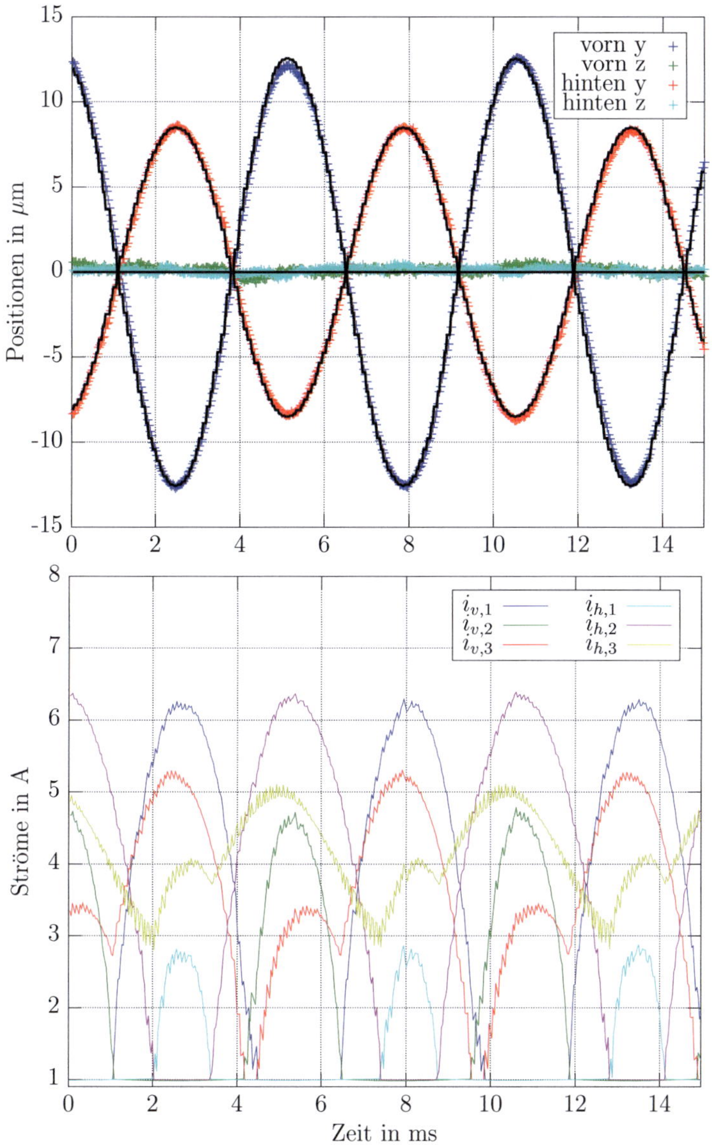

Abbildung 3.23: oben: gemessene Positionen in y- und z-Richtung in der vorderen und der hinteren Messebene, jeweils schwarz der zugehörige Sollverlauf (Verkippeln des Rotors um den Massenmittelpunkt zum Erzeugen einer winkelsynchronen, elliptischen Werkzeugschneidenbahn mit einer Durchmesserdifferenz von 15 μm bei 11.000 min^{-1}), unten: zugehörige Sollstromverläufe im vorderen und hinteren Radiallager

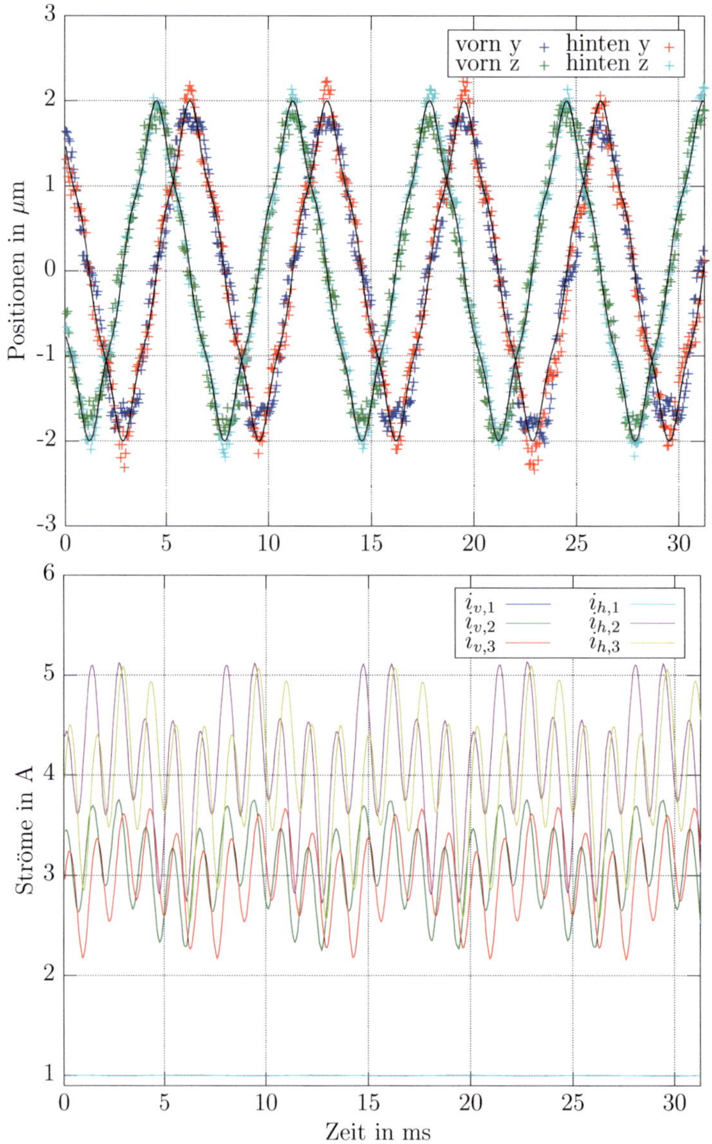

Abbildung 3.24: oben: gemessene Positionen in y- und z-Richtung in der vorderen und der hinteren Messebene, jeweils schwarz der zugehörige Sollverlauf (parallele Auslenkung des Rotors auf einer winkelsynchronen Bahn (Radius der Kreisbahn: 2 μm, sog. Doppelovalität: $-0,5$ μm) bei 9.000 min^{-1}), unten: zugehörige Sollstromverläufe im vorderen und hinteren Radiallager

Die in Abbildung 3.25 gezeigten Ergebnisse der Kraftmessung mit Hilfe der magnetisch gelagerten Spindel wurden am im Institut für Regelungs- und Steuerungstheorie der TU Dresden vorhandenen Versuchsstand aufgenommen. Die dort eingebaute magnetisch gelagerte Spindel ist in Abbildung 3.1 dargestellt. Für diesen Versuch wurde an der Werkzeugseite der Spindel ein Kraftsensor montiert, wodurch eine axial auf die Spindel wirkende Kraft einerseits mit Hilfe des Kraftsensors und andererseits mit der magnetisch gelagerten Spindel erfasst werden konnte. Der Vergleich dieser beiden Signale gemäß Abbildung 3.25 zeigt, dass mit Hilfe der magnetisch gelagerten Spindel und ausreichend genauen Modellen der Krafterzeugung in den Magnetlagern eine gute Kraftmessung (bspw. von Bearbeitungskräften) möglich ist.

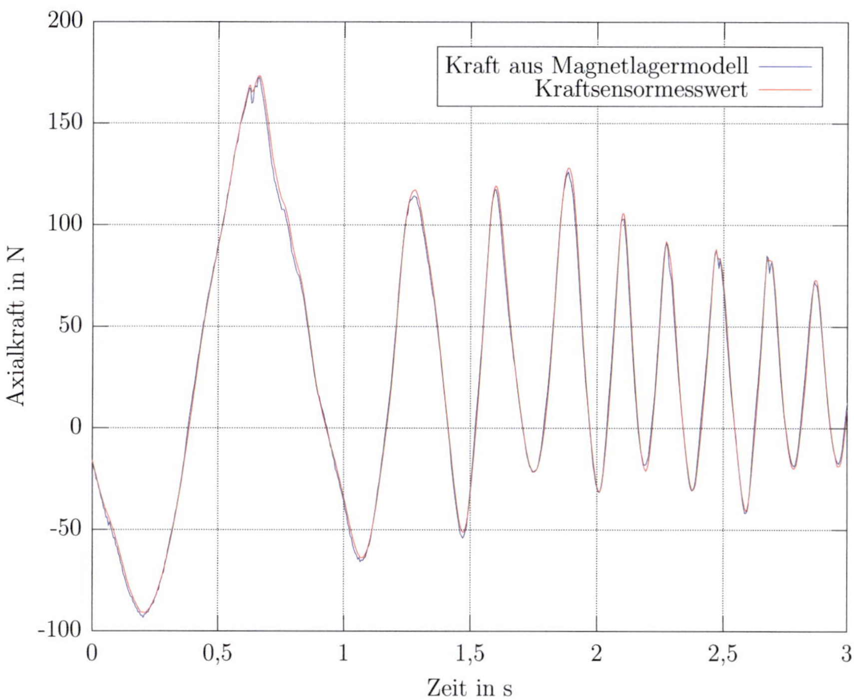

Abbildung 3.25: Ergebnisse der Kraftmessung mit der Spindel

3.3.2 Bearbeitungsergebnisse

Die Versuche zur Untersuchung der Fertigungsgenauigkeit mit einer magnetisch gelagerten Spindel wurden in Zusammenarbeit mit der Axomat GmbH durchgeführt. Für Bearbeitungsversuche wurde eine magnetisch gelagerte Spindel in eine Werkzeugmaschine eingebaut. In Abbildung 3.26 ist ein Foto einer bezüglich des Aufbaus vergleichbaren Einrichtung dargestellt. Im oberen Teil des Fotos sind das Gehäuse der magnetisch gelagerten Spindel und das an der Spindel angebrachte Ausdrehwerkzeug zu erkennen. Im unteren Teil des Bildes ist die Spannvorrichtung mit einem eingespannten Motorkolben zu sehen. Die magnetisch gelagerte Spindel ist auf einem linear geführten Schlitten montiert, der sich in Richtung des Kolbens bewegen kann. Das Ausdrehwerkzeug taucht dabei in die Bolzenbohrung des Kolbens ein und eine am Werkzeug befindliche Schneide bearbeitet die Werkstückoberfläche.

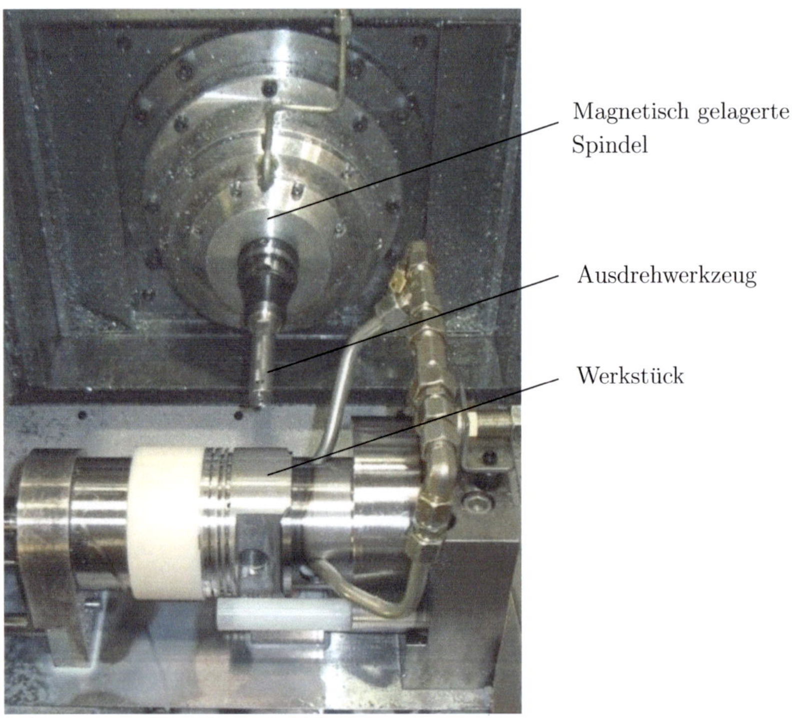

Abbildung 3.26: Foto der Anordnung von Werkstück, Werkzeug und magnetisch gelagerter Spindel in der Maschine

Bei der Vorwärtsfahrt der Spindel in den Kolben wird die Vorbearbeitung (Egalisieren der Bohrung) durchgeführt, wobei durch eine winkelsynchrone Auslenkung der Spindel die Schneide um den Betrag der Spantiefe des anschließenden Fertigschnitts zurückgezogen wird. Beim Rückwärtsfahren der Spindel aus dem Werkstück wird die Fertigbearbeitung durchgeführt. Dabei wird die magnetisch gelagerte Spindel entsprechend der gewünschten Bohrungsform winkelsynchron ausgelenkt. Die verwendete Drehzahl der Spindel lag bei 11.000 min^{-1}.

In Abbildung 3.27 ist das Formmessergebnis einer runden Bohrung gezeigt. Bei der Rundheitsmessung wird zuerst das Teil ausgerichtet und anschließend die Auslenkung meist eines Tasters bei der Bewegung entlang einer Umfangslinie gemessen. Die Rundheit ist ein Gütewert, der aus der Differenz des größten und des kleinsten Radius innerhalb eines Umlaufs berechnet wird. Beim Messergebis gemäß Abbildung 3.27 beträgt die Rundheit ca. $0,9\ \mu$m.

Eine häufig verwendete Zirkularform der Bolzenbohrung in Motorkolben ist elliptisch. Der Durchmesser der Bohrung vergrößert sich in Richtung des Kolbeninneren (sogenannte Trompetenform). Die Abbildungen 3.28, 3.29 und 3.30 zeigen Messergebnisse der Form und der Oberflächenbeschaffenheit.

In Abbildung 3.28 ist das Messergebis der Formmessung der elliptischen Bohrung gezeigt. Die Durchmesserdifferenz (horizontal zu vertikal) beträgt hierbei 60 μm. Die hellgraue Linie ist die Sollform, die gestrichelten Linien sind die Toleranzgrenzen. Die schwarz eingezeichnete Linie ist die gemessene Form. Die Abweichungen zwischen der Soll- und der Istkurve sind demnach kleiner 1 μm.

Die Ergebnisse der Oberflächenmessung in Abbildung 3.29 zeigen für beide Bohrungshälften ein gleichmäßiges periodisches Profil. Diese gleichmäßigen Vertiefungen entsprechen dem Drall in der Bohrung, der aufgrund des Ausdrehens entsteht.

Die sogenannte Trompetenform entspricht einer Durchmesservergrößerung zum Inneren des Kolbens. Ein Messergebnis der Form der Bohrungswandung ist in Abbildung 3.30 dargestellt. Der schwarz eingezeichnete, gemessene Verlauf weicht hierbei maximal $0,5\ \mu$m vom grau eingezeichneten Sollverlauf ab.

Der flachheitsbasierten Folgeregelung ist es zu verdanken, dass durch die Vorsteuerung und die Berücksichtigung des nichtlinearen Zusammenhangs zwischen Stromstärken, Lage des Rotors und erzeugten Kräften bei magnetisch gelagerten Spindeln hervorragendes Folgeverhalten erreicht wird. Zudem sorgen Beobachter mit Störbeschleunigungsrekonstruktion und der Algorithmus zur Kompensation mehrerer harmonischer Störbeschleunigungen

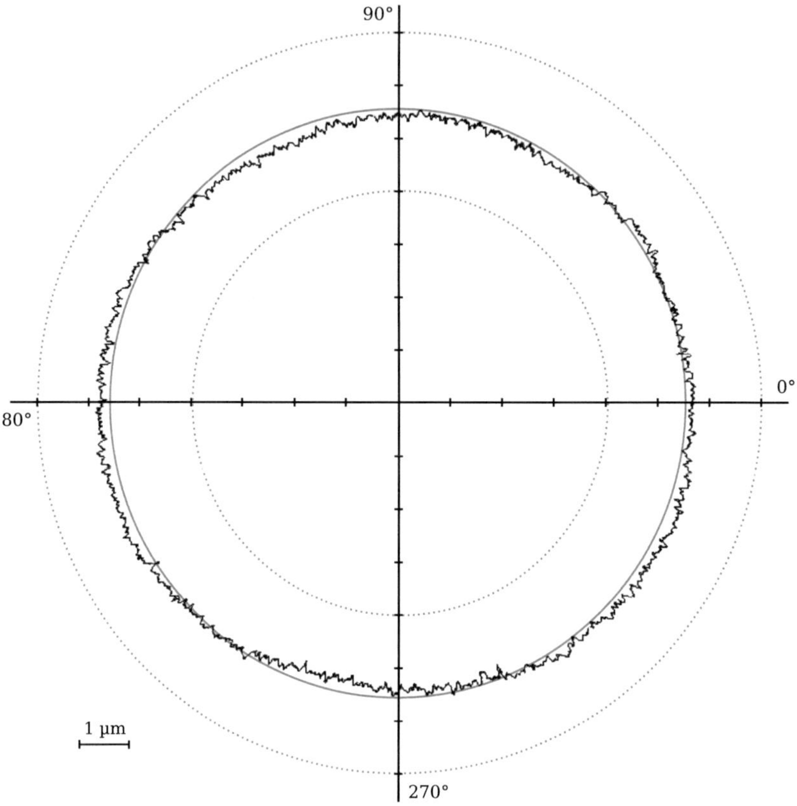

Abbildung 3.27: Ergebnis der Rundheitsmessung

für die erforderlichen Lagerkräfte zum Ausgleich von Störkräften bspw. durch die Restunwucht oder die spanende Bearbeitung. Die gezeigten Ergebnisse machen deutlich, dass trotz der auf die Spindel wirkenden Bearbeitungskräfte sehr hohe Genauigkeitsanforderungen eingehalten werden.

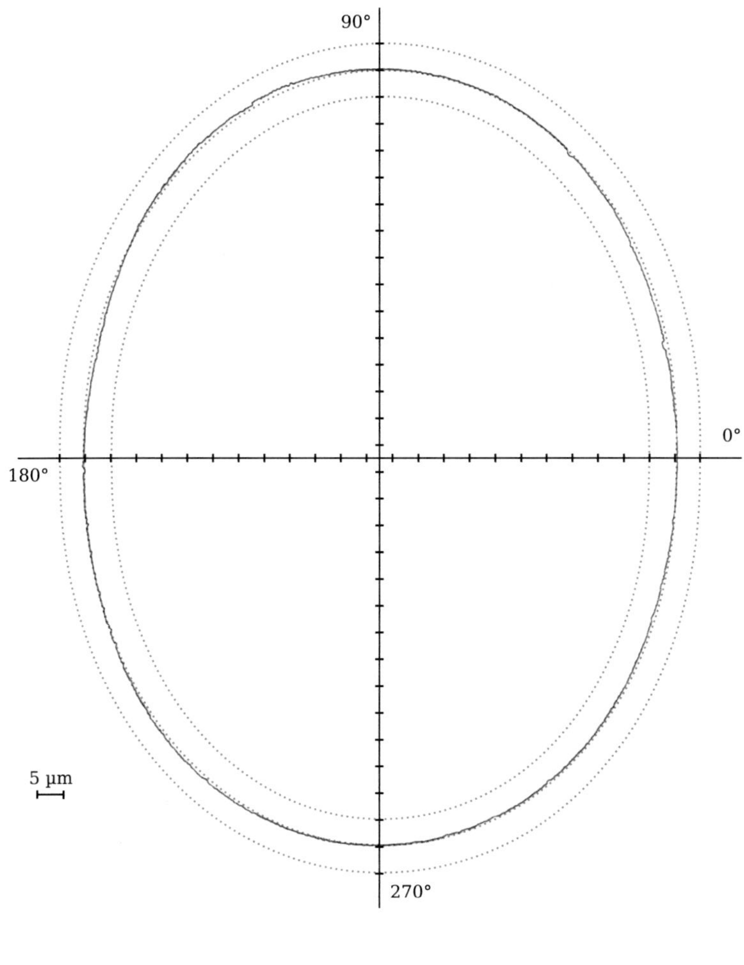

Abbildung 3.28: Ergebnis der Formmessung einer elliptischen Bohrung

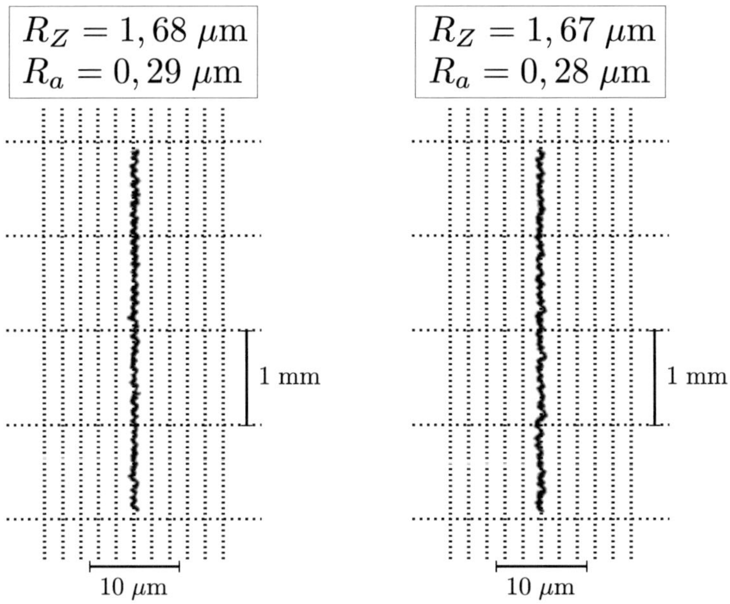

Abbildung 3.29: Ergebnis der Oberflächenmessung der beiden Bohrungshälften in einem Kolben (R_Z: gemittelte Rautiefe, R_a: arithmetischer Mittenrauwert)

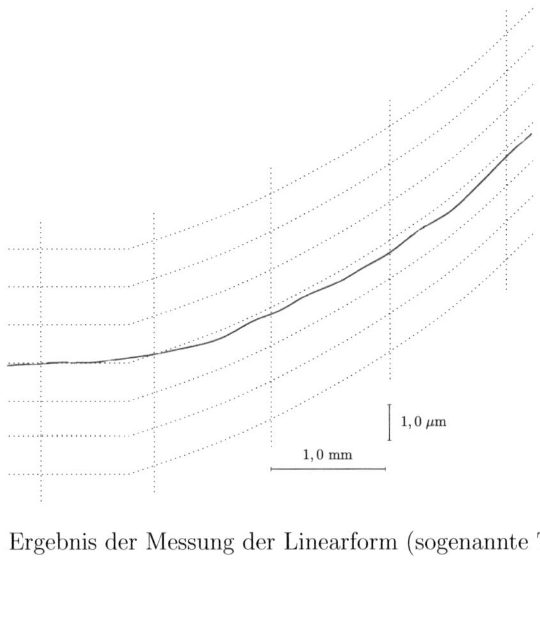

Abbildung 3.30: Ergebnis der Messung der Linearform (sogenannte Trompetenform)

Kapitel 4

Magnetische Führung von Bandsägeblättern

Eine Bandsäge besteht aus zwei am Maschinenständer drehbar gelagerten Rollen. Ein Sägeblatt umschließt die Rollen. Typische Abmessungen für Sägeblätter sind ca. 10 m offene Blattlänge, Blattdicke $1,65$ mm, Zahnteilung 50 mm, Zahnüberstand ca. $0,8$ mm und Breite des Blattkörpers ca. 200 mm. Die obere Rolle kann durch einen Hydraulikzylinder vom Maschinenständer abgedrückt werden, wodurch das Sägeblatt gespannt wird. Die untere Rolle wird durch einen Elektromotor angetrieben.

Aufgrund von Inhomogenitäten im Holz, Abweichungen in der Sägeblattgeometrie und -lage sowie sonstigen asymmetrisch den Schnitt beeinflussenden Abweichungen „verläuft" das Sägeblatt beim Schneiden des Holzes. Das „Verlaufen" des Sägeblatts bewirkt Dickenschwankungen der abgetrennten Bretter und somit eine wellige Oberfläche. Das Verlaufen des Sägeblatts wird zudem durch die Schnittparameter Schnittgeschwindigkeit, Vorschubgeschwindigkeit und Spanraumfüllung oder Schnitthöhe beeinflusst. Typische Werte hierfür sind: Schnittgeschwindigkeit ca. 50 $\mathrm{m\,s^{-1}}$, Spanraumfüllung ca. 60 %, Spandicke ca. 1 mm und Vorschubgeschwindigkeit bis zu 100 $\mathrm{m\,min^{-1}}$.

Um das Verlaufen zu reduzieren, wird das Sägeblatt durch eine Führung gehalten. Bei einer herkömmlichen Ausführung wird das Sägeblatt durch zwei Blöcke aus einem Gleitwerkstoff ca. 10 mm vom Maschinenständer weggedrückt. Je über und unter dem zu sägenden Stamm ist eine solche Druckführung angebracht (siehe Abbildung 4.1).

In [1] wurde zur Verbesserung des Schnittverhaltens einer Bandsäge erstmals eine magnetische Führung vorgeschlagen. Diese hat gegenüber der herkömmlichen, mechanischen Führung die folgenden Vorteile: Die magnetische Führung ist praktisch reibungsfrei. Das

Sägeblatt liegt auf einer Geraden zwischen der oberen und der unteren Rolle, es wird also nicht ausgelenkt. Bei der mechanischen Führung wird das Sägeblatt vom Maschinenständer weggedrückt, wodurch Reibung entsteht aber auch das Sägeblatt durch die Biegung zusätzlich beansprucht wird. Die magnetische Führung bietet zudem die Möglichkeit, aktiv gegen das Verlaufen des Sägeblatts zu wirken. Die Entwicklung der magnetischen Führung für Bandsägeblätter entstand im Rahmen einer engen Zusammenarbeit mit der Esterer WD GmbH, wodurch es möglich war neben der theoretischen Modellbildung und dem Reglerentwurf auch Untersuchungen unter realen Industriebedingungen durchzuführen.

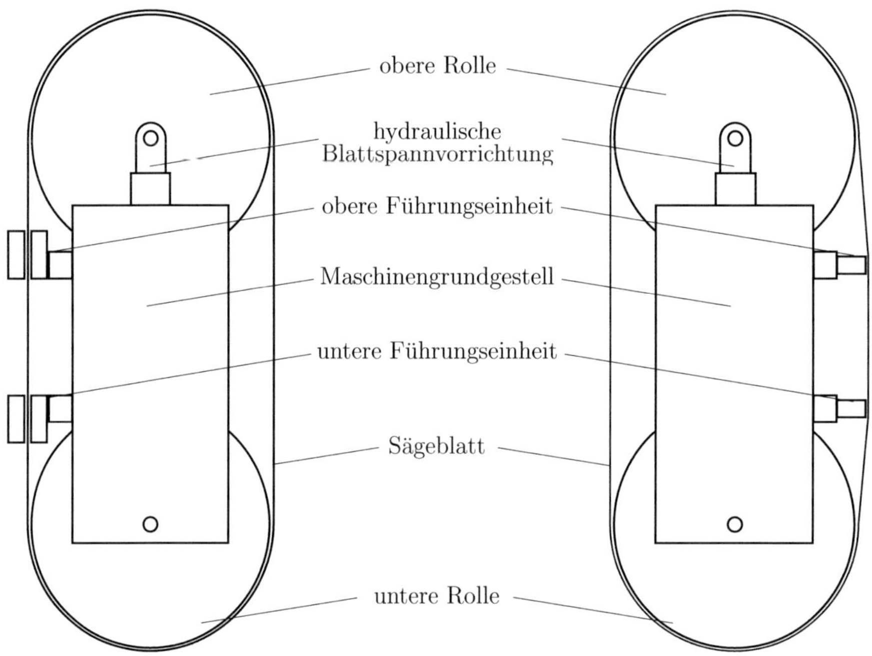

Abbildung 4.1: Schematische Darstellung einer Bandsäge, links: mit magnetischer Führung, rechts: mit mechanischer Führung

4.1 Aufbau und Funktion der magnetischen Führung

Der grundsätzliche Aufbau und die räumliche Anordnung der Magnete wurde bereits in [8] beschrieben. Demnach besteht die magnetische Führung, wie auch die mechanische Führung, aus einer oberen und einer unteren Führungseinheit. Da sich die obere und die untere Führungseinheit nicht unterscheiden, wird hier beispielhaft nur die obere Einheit beschrieben. Die obere Führungseinheit ist schematisch in Abbildung 4.3, als Foto in Abbildung 4.2 dargestellt. Jede Führungseinheit besteht aus zwei, links und rechts des Sägeblatts angeordneten Magnetblöcken. Die Magnetblöcke bestehen jeweils aus vier Elektromagneten, die unabhängig voneinander angesteuert werden können. In einem der beiden Blöcke sind vier Sensoren zur Lageerfassung des Sägeblatts eingebaut. Ein zusätzlicher Sensor, der auf der Zahnseite des Sägeblatts, unterhalb der oberen Führungseinheit (bei der unteren Führungseinheit oberhalb; jeweils auf der dem zu schneidenden Holz zugewandten Seite) angebracht ist, misst das Verlaufen des Sägeblatts. In Abbildung 4.2 ist außerdem ein Blattsensor zu sehen, der die Lage des Sägeblatts in Vorschubrichtung erfasst. Dieser Messwert wird nicht für die Ansteuerung verwendet, sondern nur dem Maschinenbediener zum Einrichten der Sägeblätter angezeigt.

Die magnetische Führung soll das Verlaufen des Sägeblatts beim Schneiden des Holzes verhindern. Dazu wird das Sägeblatt zwischen den beiden Magnetblöcken so seitlich ausgelenkt, dass der am zusätzlichen Sensor, unterhalb der oberen Führungseinheit gemessene Blattverlauf verschwindet.

4.2 Modellbildung

4.2.1 Beschreibung des Sägeblatts

Da es sich beim Sägeblatt um ein relativ dünnes Blech handelt, muss die elastische Verformung des Sägeblatts berücksichtigt werden. Die Lage des Sägeblatts wird durch vier in jeder der Führungseinheiten eingebaute Abstandssensoren erfasst. Die Abmessungen der Führungseinheit sind gegenüber der des Sägeblatts gering, so dass die Krümmung des Sägeblatts innerhalb der Führungseinheit vernachlässigt wird. Das heißt, das Sägeblatt wird, wie in Abbildung 4.4 gezeigt, als Regelfläche[1] beschrieben.

Mit Hilfe der Sensoren werden die Punkte W_1, W_2, W_3 und W_4 mit

$$W_1 = \left(x_{S,1},\ 0,\ l_{S,v} \right), \qquad W_2 = \left(x_{S,2},\ l_{S,h},\ l_{S,v} \right),$$
$$W_3 = \left(x_{S,3},\ 0,\ 0 \right), \qquad W_4 = \left(x_{S,4},\ l_{S,h},\ 0 \right)$$

[1]Eine Regelfläche ist eine Fläche, die durch die Bewegung einer Geraden im Raum erzeugbar ist.

Abbildung 4.2: Foto der oberen magnetischen Führungseinheit

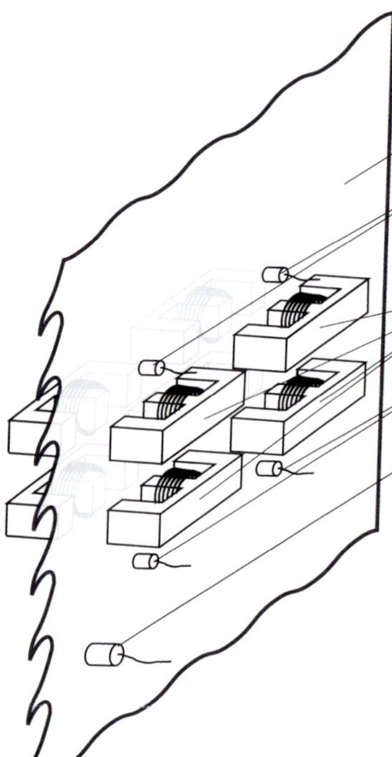

Abbildung 4.3: Schematische Darstellung der oberen magnetischen Führung

ermittelt, wobei $x_{S,1}$, $x_{S,2}$, $x_{S,3}$ und $x_{S,4}$ der jeweilige Messwert des Sensors und $l_{S,v}$ bzw. $l_{S,h}$ der vertikale bzw. horizontale Abstand zwischen zwei Sensoren sind.

Die Geraden $\underline{b}$ und $\bar{b}$ gemäß Abbildung 4.4 können durch

$$\underline{b}(y) : x(y) = \frac{x_{S,4} - x_{S,3}}{l_{S,h}} y + x_{S,3}, \qquad z = l_{S,v},$$
$$\bar{b}(y) : x(y) = \frac{x_{S,2} - x_{S,1}}{l_{S,h}} y + x_{S,1}, \qquad z = 0$$

angegeben werden. Ist l_m der Abstand zwischen der Mitte des linken und des rechten Magnetpols des E-Kerns, dann ergeben sich die Geraden b_1, b_2, b_3, b_4, b_5, b_6 über den Mitten der Magnetpole aus den Funktionswerten von $\underline{b}$ und $\bar{b}$ an den entsprechenden Stellen für y. Demnach ist

$$b_k(z) : x(z) = \frac{\bar{b}\left(y_{m,k}\right) - \underline{b}\left(y_{m,k}\right)}{l_{S,v}} z + \underline{b}\left(y_{m,k}\right), \qquad y = y_{m,k}$$

mit

$$\boldsymbol{y}_m = \left(-\tfrac{l_m}{2}, \quad 0, \quad \tfrac{l_m}{2}, \quad l_{S,h} - \tfrac{l_m}{2}, \quad l_{S,h}, \quad l_{S,h} + \tfrac{l_m}{2} \right).$$

Als Regelgrößen sollen die vier Abstände zwischen Sägeblatt und Magnet über der jeweiligen Mitte der Magnete verwendet werden ($\boldsymbol{q} = (x_1,\ x_2,\ x_3,\ x_4)^T$). Diese können mit Hilfe der Geradengleichungen b_2 und b_5 durch Einsetzen der entsprechenden Werte für die Position z bestimmt werden:

$$x_1 = b_2\left(l_{S,v} - l_{S,M}\right), \qquad x_2 = b_5\left(l_{S,v} - l_{S,M}\right), \tag{4.1}$$
$$x_3 = b_2\left(l_{S,M}\right), \qquad x_4 = b_5\left(l_{S,M}\right), \tag{4.2}$$

wobei $l_{S,M}$ der Abstand zwischen dem oberen bzw. unteren Sensor und der Mitte des oberen bzw. unteren Magneten ist. (Der Aufbau der Magnetblöcke ist symmetrisch.)

4.2.2 Strom-Kraft-Positions-Zusammenhang

Modell für das ebene, parallel zum Elektromagnet liegende Sägeblatt

In Abbildung 4.3 ist der Aufbau der magnetischen Führung dargestellt. In jedem Magnetblock sind vier gleich aufgebaute, einzeln ansteuerbare Elektromagnete eingebaut, die zur

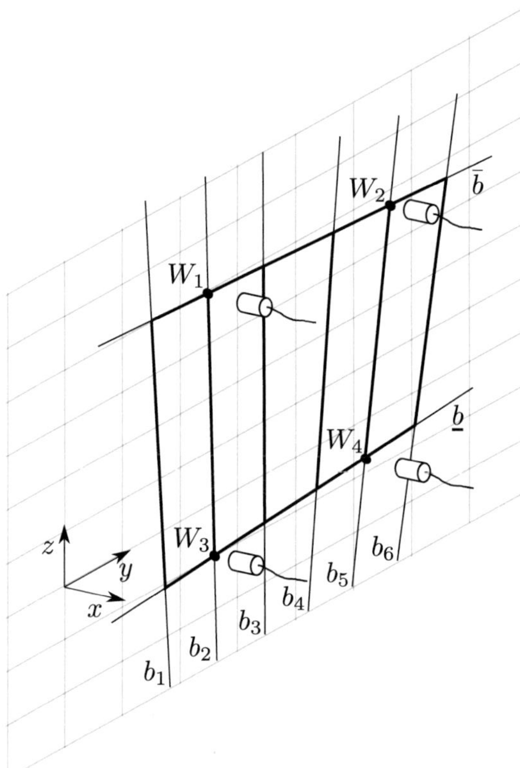

Abbildung 4.4: Schematische Darstellung einer Regelfläche zur Beschreibung des deformierten Sägeblatts

Beeinflussung der Lage des Sägeblatts verwendet werden. Da die Magnete gleich aufgebaut sind, soll hier die Beschreibung des Strom-Kraft-Positionszusammenhangs für einen dieser Magnete hergeleitet werden. In Abbildung 4.5 sind eine schematische Schnittdarstellung eines einzelnen Elektromagneten und das für die Modellierung des Magnetkreises verwendete Netzwerk gezeigt. Das magnetische Netzwerk wurde, wie zuvor bei den Magnetlagern beschrieben, aufgrund der räumlichen Verteilung der Eisenteile aufgestellt. Zusätzlich wurden magnetische Widerstände zwischen dem mittleren und den äußeren Magnetschenkeln eingeführt, um auch Streufelder durch das aufgestellte Netzwerk beschreiben zu können.

Zum Aufstellen der Netzwerkgleichungen werden im Graph des Netzwerks (siehe Abbildung 4.6) die Zweige und Knoten nummeriert und die sogenannten Fenstermaschen einge-

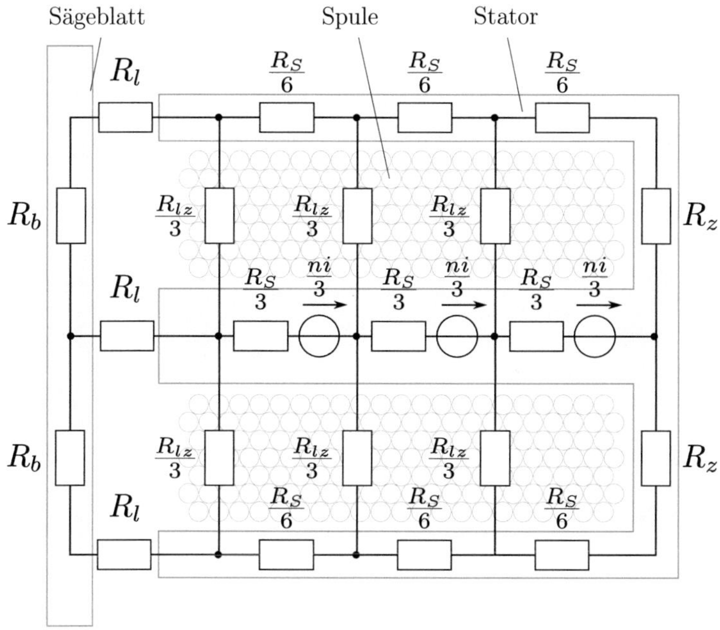

Abbildung 4.5: Schematische Schnittdarstellung und Netzwerkmodell eines Einzelmagneten

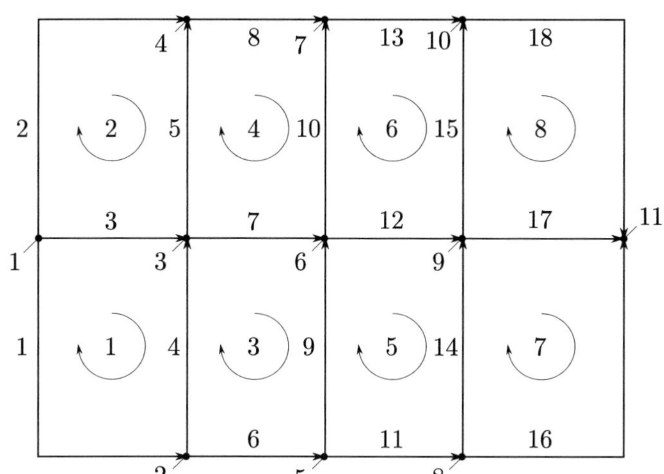

Abbildung 4.6: Digraph des Netzwerks eines Einzelmagneten

führt. Da in den Zweigen nur Spannungsquellen und magnetische Widerstände vorkommen, kann das Netzwerkgleichungssystem gemäß Gleichung (2.14) durch

$$\begin{pmatrix} -\boldsymbol{I} & \boldsymbol{R}_Z \\ \boldsymbol{M} & \mathbf{0} \\ \mathbf{0} & \boldsymbol{K} \end{pmatrix} \begin{pmatrix} \boldsymbol{V} \\ \boldsymbol{\Phi} \end{pmatrix} = \begin{pmatrix} \mathbf{0} \\ -\boldsymbol{M}\boldsymbol{V}_e \\ -\boldsymbol{K}\boldsymbol{\Phi}_e \end{pmatrix} \tag{4.3}$$

notiert werden. Die Maschen-Zweig-Inzidenzmatrix $\boldsymbol{M}$ und die Knoten-Zweig-Inzidenzmatrix $\boldsymbol{K}$ können aus dem Graphen des Netzwerks in Abbildung 4.6 abgelesen werden

$$\boldsymbol{M} = \begin{pmatrix}
1 & 0 & 1 & -1 & 0 & 0 & 0 & 0 & 0 & 0 & 0 & 0 & 0 & 0 & 0 & 0 & 0 & 0 \\
0 & 1 & -1 & 0 & -1 & 0 & 0 & 0 & 0 & 0 & 0 & 0 & 0 & 0 & 0 & 0 & 0 & 0 \\
0 & 0 & 0 & 1 & 0 & -1 & 1 & 0 & -1 & 0 & 0 & 0 & 0 & 0 & 0 & 0 & 0 & 0 \\
0 & 0 & 0 & 0 & 1 & 0 & -1 & 1 & 0 & -1 & 0 & 0 & 0 & 0 & 0 & 0 & 0 & 0 \\
0 & 0 & 0 & 0 & 0 & 0 & 0 & 0 & 1 & 0 & -1 & 1 & 0 & -1 & 0 & 0 & 0 & 0 \\
0 & 0 & 0 & 0 & 0 & 0 & 0 & 0 & 0 & 1 & 0 & -1 & 1 & 0 & -1 & 0 & 0 & 0 \\
0 & 0 & 0 & 0 & 0 & 0 & 0 & 0 & 0 & 0 & 0 & 0 & 0 & 1 & 0 & -1 & 1 & 0 \\
0 & 0 & 0 & 0 & 0 & 0 & 0 & 0 & 0 & 0 & 0 & 0 & 0 & 0 & 1 & 0 & -1 & 1
\end{pmatrix},$$

$$\boldsymbol{K} = \begin{pmatrix}
1 & -1 & -1 & 0 & 0 & 0 & 0 & 0 & 0 & 0 & 0 & 0 & 0 & 0 & 0 & 0 & 0 & 0 \\
-1 & 0 & 0 & -1 & 0 & -1 & 0 & 0 & 0 & 0 & 0 & 0 & 0 & 0 & 0 & 0 & 0 & 0 \\
0 & 0 & 1 & 1 & -1 & 0 & -1 & 0 & 0 & 0 & 0 & 0 & 0 & 0 & 0 & 0 & 0 & 0 \\
0 & 1 & 0 & 0 & 1 & 0 & 0 & -1 & 0 & 0 & 0 & 0 & 0 & 0 & 0 & 0 & 0 & 0 \\
0 & 0 & 0 & 0 & 0 & 1 & 0 & 0 & -1 & 0 & -1 & 0 & 0 & 0 & 0 & 0 & 0 & 0 \\
0 & 0 & 0 & 0 & 0 & 0 & 1 & 0 & 1 & -1 & 0 & -1 & 0 & 0 & 0 & 0 & 0 & 0 \\
0 & 0 & 0 & 0 & 0 & 0 & 0 & 1 & 0 & 1 & 0 & 0 & -1 & 0 & 0 & 0 & 0 & 0 \\
0 & 0 & 0 & 0 & 0 & 0 & 0 & 0 & 0 & 0 & 1 & 0 & 0 & -1 & 0 & -1 & 0 & 0 \\
0 & 0 & 0 & 0 & 0 & 0 & 0 & 0 & 0 & 0 & 0 & 1 & 0 & 1 & -1 & 0 & -1 & 0 \\
0 & 0 & 0 & 0 & 0 & 0 & 0 & 0 & 0 & 0 & 0 & 0 & 1 & 0 & 1 & 0 & 0 & -1
\end{pmatrix}.$$

Der Vektor der magnetischen Spannungsquellen $\boldsymbol{V}_e$ kann mit Hilfe des Netzwerks und des Graphen aufgestellt werden:

$$\boldsymbol{V}_e = \begin{pmatrix} 0 & 0 & 0 & 0 & 0 & 0 & \frac{ni}{3} & 0 & 0 & 0 & 0 & \frac{ni}{3} & 0 & 0 & 0 & 0 & \frac{ni}{3} & 0 \end{pmatrix}^T.$$

Der Vektor der Flussquellen $\boldsymbol{\Phi}_e$ ist, da es im Netzwerk nur magnetische Spannungsquellen gibt, ein Nullvektor. Der Vektor der magnetischen Zweigflüsse kann durch Lösen der Netzwerkgln. (4.3)

$$\boldsymbol{\Phi} = \begin{pmatrix} \boldsymbol{M}\boldsymbol{R}_Z \\ \boldsymbol{K} \end{pmatrix}^{-1} \begin{pmatrix} -\boldsymbol{M}\boldsymbol{V}_e \\ -\boldsymbol{K}\boldsymbol{\Phi}_e \end{pmatrix}$$

berechnet werden.

Messergebnisse, die zur Prüfung des Netzwerkmodells aufgenommen wurden, haben gezeigt, dass Sättigungserscheinungen bereits bei relativ kleinen Strömen auftreten. Aufgrund dessen ist es erforderlich, diese nichtlineare Fluss-Spannungs-Relation zu berücksichtigen. In [3] wurde bereits für Magnetllager eine Variante hergeleitet, Sättigungserscheinungen zu berücksichtigen. Hier soll diese Nichtlinearität berücksichtigt werden, indem man die Fluss-Spannungs-Relation direkt in das Gleichungssystem (4.3) einfügt. Da sich dieses (in Abhängigkeit von der eingefügten Fluss-Spannungs-Relation) meist nur noch schwer oder nur nummerisch lösen lässt, wird im folgenden eine Näherungslösung vorgestellt, die mit relativ gerigem Rechenaufwand eine sehr gute Übereinstimmung mit den Messwerten liefert.

Als Näherung für die nichtlineare Relation zwischen dem Zweigfluss $\Phi_{z,*}$ und der Zweigspannung $V_{z,*}$ von Eisenteilen wird die nichtlineare Kennlinie durch Geradenstücke approximiert. Dies ist in Abbildung 4.7 für den Zweig $*$ ohne magnetische Spanungsquelle dargestellt. Die einzelnen Geradenstücke werden in Abhängigkeit von der aktuellen Flussdichte B_* ausgewertet:

$$\frac{\Phi_{z,*}}{A_*} \leq B_{*,1}: \quad V_* = \Phi_* R_{*,0}, \quad \Phi^0_{e,*} = 0, \tag{4.4a}$$

$$B_{*,1} < \frac{\Phi_{z,*}}{A_*} \leq B_{*,2}: \quad V_* = \Phi_* R_{*,1}, \quad \Phi^1_{e,*} = B_{*,1}A_* - \frac{R_{*,0}}{R_{*,1}} B_{*,1}A_*, \tag{4.4b}$$

$$B_{*,k} < \frac{\Phi_{z,*}}{A_*} \leq B_{*,k+1}: \quad V_* = \Phi_* R_{*,k}, \quad \Phi^k_{e,*} = B_{*,k}A_* - \frac{R_{*,k-1}}{R_{*,k}} \left(B_{*,k}A_* - \Phi^{k-1}_{e,*}\right). \tag{4.4c}$$

Für die Berechnung der Geradenabschnitte ist die Berechnung der Flussdichten in den Zweigen erforderlich. Dazu wird die Flussdichte über den Querschnittsflächen der den Zweigen entsprechenden Abschnitte des Magnetkreises als konstant angenommen. Darum kann mit Hilfe der Diagonalmatrix $\boldsymbol{A}_{inv}$, bei der in den Hauptdiagonaleinträgen der inverse Flächeninhalt des dem Zweig entsprechenden Magnetkreisabschnitts steht, der Vektor der

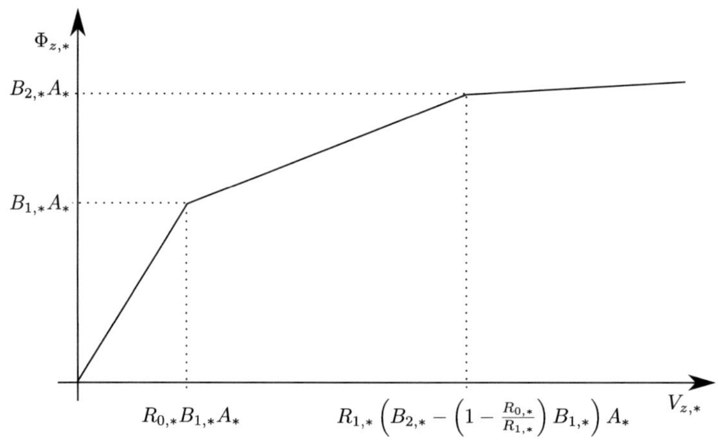

Abbildung 4.7: Approximation des Sättigungsverhaltens eines Zweigs ohne magnetische Spannungsquelle

Flussdichten in den Zweigen durch

$$\boldsymbol{B} = \boldsymbol{\Phi}\boldsymbol{A}_{inv} = \begin{pmatrix} \boldsymbol{M}\boldsymbol{R}_Z \\ \boldsymbol{K} \end{pmatrix}^{-1} \begin{pmatrix} -\boldsymbol{M}\boldsymbol{V}_e \\ -\boldsymbol{K}\boldsymbol{\Phi}_e \end{pmatrix} \boldsymbol{A}_{inv} \tag{4.5}$$

berechnet werden.

Durch Analyse des Ergebnisses für die Flussdichte $\boldsymbol{B}$ gemäß Gleichung (4.5) kann der Zweig bestimmt werden, in dem zuerst die jeweilige Grenzflussdichte (Übergangsstelle zum nächsten Geradenstück der Approximation der nichtlinearen Fluss-Spannungs-Relation) erreicht wird und bei welcher Stromstärke diese auftritt. (Dies ist hier sehr einfach, da es sich aufgrund der Geradenapproximation um ein lineares Gleichungssystem handelt, und die Flussdichte $\boldsymbol{B}$ in Abhängigkeit vom Strom i je eine Gerade ist.) Diese Lösung ist dann im entsprechenden Strombereich gültig.

Zur weiteren Analyse werden die Netzwerkgleichungen modifiziert, indem entsprechend der Geradenapproximation (4.4) in der Zweig-Impedanz-Matrix $\boldsymbol{R}_Z$ der magnetische Widerstand und im Vektor der magnetischen Flussquellen $\boldsymbol{\Phi}_e$ der entsprechende Eintrag ersetzt wird. Danach können die Netzwerkgleichungen, wie zuvor beschrieben, erneut gelöst werden, um die Lösung für den nächsten Stromstärkebereich zu ermitteln.

Zur Berechnung der an der Grenzfläche wirkenden Kraft werden die Zweigflüsse in den Zweigen 1, 2 und 3 benötigt. Der jeweilige Zweigfluss $\Phi_{z,k}$ ergibt sich aus der Summe des

Quellflusses $\Phi_{e,k}$ und des Flusses Φ_k durch den Widerstand. Nach Gleichung (2.20) lässt sich die resultierende Kraft F demnach durch

$$F = \frac{1}{2\mu_0}\left(\frac{(\Phi_1 + \Phi_{e,1})^2}{A_1} + \frac{(\Phi_2 + \Phi_{e,2})^2}{A_2} + \frac{(\Phi_3 + \Phi_{e,3})^2}{A_3}\right) \tag{4.6}$$

berechnen. Zur Verifizierung dieses Modells wurde ein Magnetblock auf einem Kraftsensor befestigt und bei drei Luftspalten Messpunkte der Kraft bei Strömen von 0 bis 8 A aufgezeichnet. Zum Vergleich wurden mit Hilfe des vorgestellten Netzwerkmodells den Messbedingungen entsprechende Kennlinien berechnet. Die Ergebnisse sind in Abbildung 4.8 dargestellt.

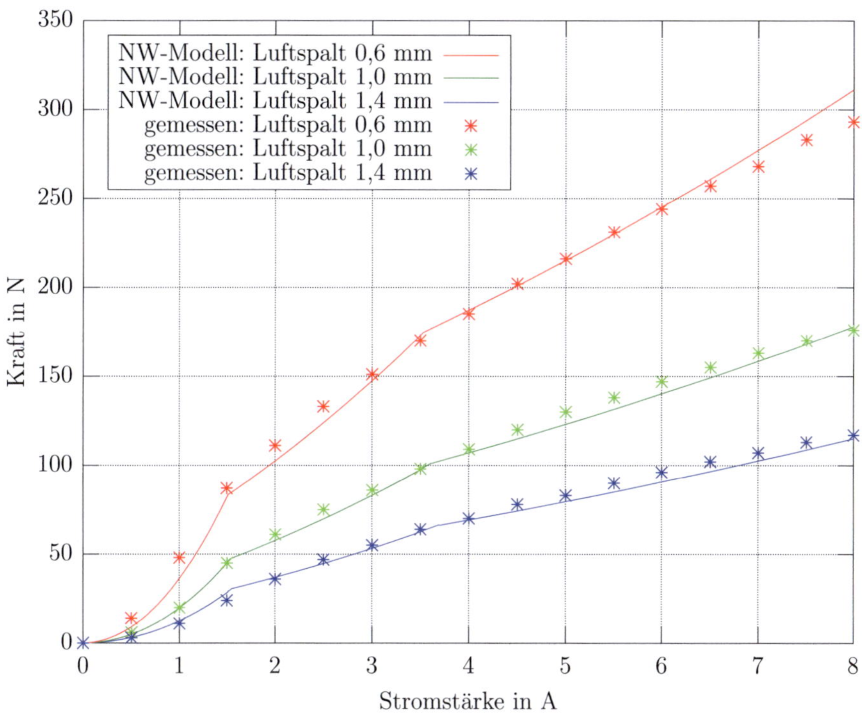

Abbildung 4.8: Kraft in Abhängigkeit von der Stromstärke für verschiedene Luftspalte, Vergleich zwischen Messwerten und aus dem Netzwerkmodell berechneten Werten

Die Lösung der Netzwerkgleichung ergibt für die Luftspaltflüsse in Abhängigkeit vom Strom abschnittsweise Geraden, die aufgrund Gleichung (4.6) in Abbildung 4.8 zu aneinandergefügten Parabeln werden. Die Übereinstimmung zwischen den Messwerten und den aus dem Netzwerkmodell berechneten Kennlinien ist sehr gut, die Abweichung beträgt maximal 14 N. (Bezogen auf die unter diesen Bedingungen erzeugte Kraft ist die Abweichung kleiner 5 %.)

Modell unter Berücksichtigung der Deformation des Sägeblatts

In Abbildung 4.9 ist ein Teil des deformierten Sägeblatts schematisch dargestellt. Außerdem sind darin Kräfte und Drehkräfte eingezeichnet, die für die Modellierung verwendet werden. Jeweils die beiden gegenüberstehenden Elektromagnete erzeugen eine jeweils mittig (bezogen auf den Magneten) am Sägeblatt angreifende Kraft F_k und die Drehkräfte $D_{y,k}$ bzw. $D_{z,k}$ um die y- bzw. z-Achse. (Der Index k bezeichnet dabei die Nummer des Magneten.) Für die Regelung sind die resultierenden Kräfte $\hat{F}_k$ von Interesse, die sich aus den zuvor genannten Kräften und Drehkräften ergeben.

Wie zuvor hergeleitet kann die Kraft an einem einzelnen Magnetpol gemäß Gl. (4.6) durch

$$F = \lambda \frac{(i + i_e)^2}{\left(\tilde{l}_0 - x\right)^2} = \frac{\Lambda(i)}{\left(\tilde{l}_0 - x\right)^2}$$

beschrieben werden. Der Lagerparameter λ, der Luftspaltparameter $\tilde{l}_0$ und der Magnetisierungsparameter i_e (Der Magnetisiserungsparameter i_e hängt vom Strom i und dem Luftspalt x ab.) können mit Hilfe der Lösung der Netzwerkgleichungen berechnet werden.

Im Abschnitt 4.2.1 wird eine Regelfläche zur geometrischen Beschreibung der Deformation des Sägeblatts vorgeschlagen. Da die Breite der Magnetpole im Vergleich zur Länge klein ist, wird die zuvor hergeleitete Magnetkraft als längs über dem Magnetpol in Abhängigkeit vom jeweiligen Luftspalt verteilt, über der Breite des Pols als gleich angenommen. Demnach kann die resultierende Kraft eines Magnetpols durch Integration der mechanischen Spannung von der Unterkannte z_u bis zur Oberkante z_o des Magnetpols berechnet werden. Daraus ergibt sich

$$F = \frac{\lambda (i + i_e)^2}{h_M} \int_{z_u}^{z_o} \frac{1}{\left(\tilde{l}_0 - x(z)\right)^2} dz.$$

Jede der Magneteinheiten besteht aus zwei Magnetblöcken. Die jeweils gegenüberliegen-

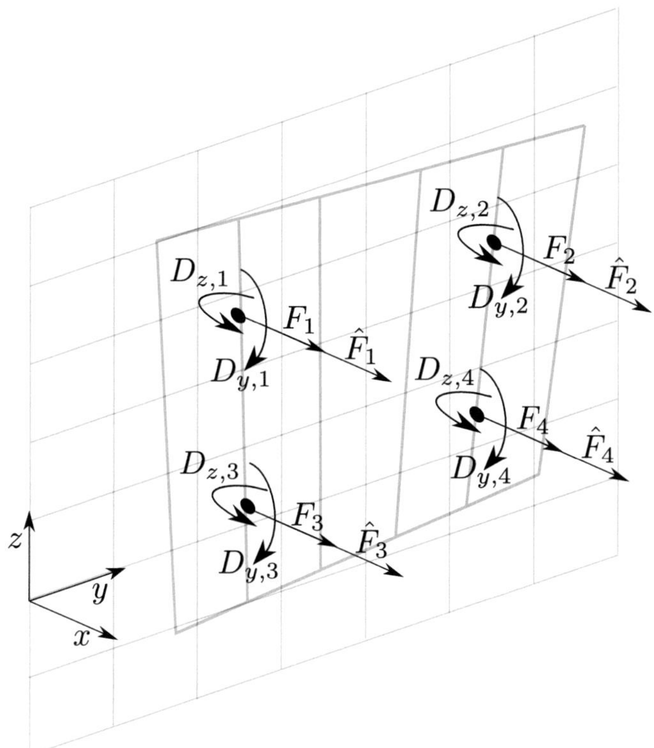

Abbildung 4.9: Schematische Darstellung des deformierten Sägeblatts mit den auf das Sägeblatt wirkenden Kräften und Drehkräften

den Elektromagnete erzeugen Kräfte mit entgegengesetzter Orientierung. Die resultierende Kraft ergibt sich demnach aus der Summe der beiden Einzelkräfte $F_{k,p}$ und $F_{k,n}$ durch

$$F_1 = F_{1,p} - F_{1,n}, \qquad F_2 = F_{2,p} - F_{2,n}, \qquad F_3 = F_{3,p} - F_{3,n}, \qquad F_4 = F_{4,p} - F_{4,n}.$$

Die in den jeweiligen Spulen fließenden Ströme $i_{k,p/n}$ und der Magnetisiserungsparameter $i_{e,k,p/n}$ werden im folgenden zu $\hat{i}_{k,p/n}$ zusammengefasst. Ein Elektromagnet wirkt über drei Magnetpole auf das Sägeblatt (siehe Abb. 4.5), wobei der mittlere Magnetpol genau die doppelte Breite hat. Darum ergibt sich die resultierende Kraft eines Magneten aus dem Integral entlang der drei über den Magnetpolen verlaufenden Geraden von der Unterkante $z_{u,u}$ bis zur Oberkante $z_{u,o}$ der unteren Magnete bzw. von $z_{o,u}$ bis $z_{o,o}$ für die oberen Magnete aus

$$F_{1,p/n} = \frac{\lambda \hat{i}^2_{1,p/n}}{4h_M} \int\limits_{z_{o,u}}^{z_{o,o}} \left(\frac{1}{\left(\tilde{l}_0 \mp b_1(z)\right)^2} + \frac{2}{\left(\tilde{l}_0 \mp b_2(z)\right)^2} + \frac{1}{\left(\tilde{l}_0 \mp b_3(z)\right)^2} \right) \mathrm{d}z, \tag{4.7a}$$

$$F_{2,p/n} = \frac{\lambda \hat{i}^2_{2,p/n}}{4h_M} \int\limits_{z_{o,u}}^{z_{o,o}} \left(\frac{1}{\left(\tilde{l}_0 \mp b_4(z)\right)^2} + \frac{2}{\left(\tilde{l}_0 \pm b_5(z)\right)^2} + \frac{1}{\left(\tilde{l}_0 \pm b_6(z)\right)^2} \right) \mathrm{d}z, \tag{4.7b}$$

$$F_{3,p/n} = \frac{\lambda \hat{i}^2_{3,p/n}}{4h_M} \int\limits_{z_{u,u}}^{z_{u,o}} \left(\frac{1}{\left(\tilde{l}_0 \mp b_1(Z)\right)^2} + \frac{2}{\left(\tilde{l}_0 \mp b_2(z)\right)^2} + \frac{1}{\left(\tilde{l}_0 \mp b_3(z)\right)^2} \right) \mathrm{d}z, \tag{4.7c}$$

$$F_{4,p/n} = \frac{\lambda \hat{i}^2_{4,p/n}}{4h_M} \int\limits_{z_{u,u}}^{z_{u,o}} \left(\frac{1}{\left(\tilde{l}_0 \mp b_4(Z)\right)^2} + \frac{2}{\left(\tilde{l}_0 \mp b_5(z)\right)^2} + \frac{1}{\left(\tilde{l}_0 \mp b_6(z)\right)^2} \right) \mathrm{d}z. \tag{4.7d}$$

Aufgrund der Wahl, dass die unteren Sensoren bei $z = 0$ liegen, ergeben sich die Integrationsgrenzen aus dem Abstand $l_{S,M}$ zwischen den Sensoren und der Mitte des benachbarten Magneten, aus der Höhe h_M der Magnete und dem Abstand $l_{S,v}$ zwischen den unteren und den oberen Sensoren aus

$$z_{u,u} = l_{S,M} - \frac{h_M}{2}, \qquad z_{u,o} = l_{S,M} + \frac{h_M}{2},$$
$$z_{o,u} = l_{S,v} - l_{S,M} - \frac{h_M}{2}, \qquad z_{o,o} = l_{S,v} - l_{S,M} + \frac{h_M}{2}.$$

In den Gleichungen (4.7) werden die im Integranden stehenden Brüche durch Einführen der Parameter $d_{k,p/n}$ und $d'_{k,p/n}$ umgeschrieben. Für $k \in \{1, 3, 4, 6\}$ gilt

$$\tilde{l}_0 \mp b_k(z) = \tilde{l}_0 \mp \underline{b}(y_{m,k}) \mp \frac{\bar{b}(y_{m,k}) - \underline{b}(y_{m,k})}{l_{S,v}} z = d_{k,p/n} + d'_{k,p/n} z$$

und für $k \in \{2, 5\}$

$$\tilde{l}_0 \mp b_k(z) = \frac{\tilde{l}_0 \mp \underline{b}(y_{m,k})}{\sqrt{2}} \mp \frac{\bar{b}(y_{m,k}) - \underline{b}(y_{m,k})}{l_{S,v}\sqrt{2}} z = d_{k,p/n} + d'_{k,p/n} z.$$

Dadurch kann das Integral einfacher geschrieben und mit Hilfe der Stammfunktion aufgelöst werden:

$$\int\limits_{z_{u/o,u}}^{z_{u/o,o}} \frac{1}{\left(d_{k,p/n} + d'_{k,p/n} z\right)^2} \, \mathrm{d}z = \left[-\frac{1}{d'_{k,p/n}\left(d_{k,p/n} + d'_{k,p/n} z\right)} \right]_{z_{u/o,u}}^{z_{u/o,o}}$$
$$= \frac{z_{u/o,o} - z_{u/o,u}}{\left(d_{k,p/n} + d'_{k,p/n} z_{u/o,o}\right)\left(d_{k,p/n} + d'_{k,p/n} z_{u/o,u}\right)}.$$

Durch Anwenden der Lösung auf die jeweils drei Teile des Integranden in den Gleichungen (4.7) kann die jeweils resultierende Kraft durch

$$F_{1,p/n} = \frac{\lambda \hat{i}^2_{1,p/n}}{4} \sum_{k=1}^{3} \frac{1}{\left(d_{k,p/n} + d'_{k,p/n} z_{o,o}\right)\left(d_{k,p/n} + d'_{k,p/n} z_{o,u}\right)}, \tag{4.8a}$$

$$F_{2,p/n} = \frac{\lambda \hat{i}^2_{2,p/n}}{4} \sum_{k=4}^{6} \frac{1}{\left(d_{k,p/n} + d'_{k,p/n} z_{o,o}\right)\left(d_{k,p/n} + d'_{k,p/n} z_{o,u}\right)}, \tag{4.8b}$$

$$F_{3,p/n} = \frac{\lambda \hat{i}^2_{3,p/n}}{4} \sum_{k=1}^{3} \frac{1}{\left(d_{k,p/n} + d'_{k,p/n} z_{u,o}\right)\left(d_{k,p/n} + d'_{k,p/n} z_{u,u}\right)}, \tag{4.8c}$$

$$F_{4,p/n} = \frac{\lambda \hat{i}^2_{4,p/n}}{4} \sum_{k=4}^{6} \frac{1}{\left(d_{k,p/n} + d'_{k,p/n} z_{u,o}\right)\left(d_{k,p/n} + d'_{k,p/n} z_{u,u}\right)} \tag{4.8d}$$

berechnet werden.

Für die Regelung ist die resultierende Kraft in der Mitte des Elektromagneten von Interesse. Legt man die Mitte des Magneten als Angriffspunkt der resultierenden Kraft fest, so ergeben sich zudem Drehkräfte um die y- und die z-Achse. Die resultierenden Drehkräfte ergeben sich aus der Überlagerung der beiden Drehkräfte $D_{y/z,1..4,p}$ und $D_{y/z,1..4,n}$ der sich gegenüberstehenden Elektromagnete:

$$\begin{aligned}
D_{y,1} &= D_{y,1,p} - D_{y,1,n}, & D_{z,1} &= D_{z,1,p} - D_{z,1,n},\\
D_{y,2} &= D_{y,2,p} - D_{y,2,n}, & D_{z,2} &= D_{z,2,p} - D_{z,2,n},\\
D_{y,3} &= D_{y,3,p} - D_{y,3,n}, & D_{z,3} &= D_{z,3,p} - D_{z,3,n},\\
D_{y,4} &= D_{y,4,p} - D_{y,4,n}, & D_{z,4} &= D_{z,4,p} - D_{z,4,n}.
\end{aligned}$$

Die Drehkraft um die y-Achse ensteht aufgrund der in Abhängigkeit vom Luftspalt unterschiedlichen mechanischen Spannung entlang jedes Magnetpols. Zu deren Berechnung muss demnach, ähnlich wie bei der Berechnung der resultierenden Kraft, die mechanische Spannung multipliziert mit der jeweiligen Hebelarmlänge entlang der Magnetpole integriert werden

$$D_{y,1,p/n} = \frac{\lambda \hat{i}^2_{1,p/n}}{4h_M} \int\limits_{z_{o,u}}^{z_{o,o}} \sum_{k=1}^{3} \frac{z - \bar{z}_o}{\left(d_{k,p/n} + d'_{k,p/n} z\right)^2} \, \mathrm{d}z, \tag{4.9a}$$

$$D_{y,2,p/n} = \frac{\lambda \hat{i}^2_{2,p/n}}{4h_M} \int\limits_{z_{o,u}}^{z_{o,o}} \sum_{k=4}^{6} \frac{z - \bar{z}_o}{\left(d_{k,p/n} + d'_{k,p/n} z\right)^2} \, \mathrm{d}z, \tag{4.9b}$$

$$D_{y,3,p/n} = \frac{\lambda \hat{i}^2_{3,p/n}}{4h_M} \int\limits_{z_{u,u}}^{z_{u,o}} \sum_{k=1}^{3} \frac{z - \bar{z}_u}{\left(d_{k,p/n} + d'_{k,p/n} z\right)^2} \, \mathrm{d}z, \tag{4.9c}$$

$$D_{y,4,p/n} = \frac{\lambda \hat{i}^2_{4,p/n}}{4h_M} \int\limits_{z_{u,u}}^{z_{u,o}} \sum_{k=4}^{6} \frac{z - \bar{z}_u}{\left(d_{k,p/n} + d'_{k,p/n} z\right)^2} \, \mathrm{d}z. \tag{4.9d}$$

Da sich die Drehkraft jeweils auf die Mitte des Magneten beziehen soll, sind die Parameter $\bar{z}_o$ und $\bar{z}_u$ auf

$$\bar{z}_o = \frac{z_{o,o} + z_{o,u}}{2}, \qquad \bar{z}_u = \frac{z_{u,o} + z_{u,u}}{2}$$

festzulegen. Zur Berechnung der Drehkräfte $D_{y,1..4,p/n}$ ist das in den Gleichungen (4.9) bestimmte Integral zu lösen. Mit Hilfe der zugehörigen Stammfunktion und durch Einsetzen der Integrationsgrenzen erhält man

$$\int\limits_{z_{u/o,u}}^{z_{u/o,o}} \frac{z - \bar{z}_{u/o}}{\left(d_{k,p/n} + d'_{k,p/n} z\right)^2} \, \mathrm{d}z =$$

$$\frac{1}{d'^2_{k,p/n}} \left[\frac{d_{k,p/n} + \bar{z}_{u/o} d'_{k,p/n}}{\left(d_{k,p/n} + d'_{k,p/n} z\right)} + \ln \left| d_{k,p/n} + d'_{k,p/n} z \right| \right]_{z_{u/o,u}}^{z_{u/o,o}} =$$

$$\frac{1}{d'^2_{k,p/n}} \left(\frac{d'_{k,p/n} \left(d_{k,p/n} + z_{u/o} d'_{k,p/n}\right) \left(z_{u/o,u} - z_{u/o,o}\right)}{\left(d_{k,p/n} + d'_{k,p/m} z_{u/o,o}\right) \left(d_{k,p/n} + d'_{k,p/n} z_{u/o,u}\right)} + \ln \frac{\left| d_{k,p/n} + d'_{k,p/n} z_{u/o,o} \right|}{\left| d_{k,p/n} + d'_{k,p/n} z_{u/o,u} \right|} \right).$$

Setzt man diesen Ausdruck in den Gleichungen (4.9) ein so ergibt sich

$$D_{y,1,p/n} = \frac{\lambda \hat{i}^2_{1,p/n}}{4} \sum_{k=1}^{3} \left(\frac{-\tilde{b}_{k,p/n}(\bar{z}_o)}{d'_{k,p/n}\tilde{b}_{k,p/n}(z_{o,o})\,\tilde{b}_{k,p/n}(z_{o,u})} + \frac{1}{d'^2_{k,p/n}h_M} \ln \frac{\left|\tilde{b}_{k,p/n}(z_{o,o})\right|}{\left|\tilde{b}_{k,p/n}(z_{o,u})\right|} \right),$$

$$D_{y,2,p/n} = \frac{\lambda \hat{i}^2_{2,p/n}}{4} \sum_{k=4}^{6} \left(\frac{-\tilde{b}_{k,p/n}(\bar{z}_o)}{d'_{k,p/n}\tilde{b}_{k,p/n}(z_{o,o})\,\tilde{b}_{k,p/n}(z_{o,u})} + \frac{1}{d'^2_{k,p/n}h_M} \ln \frac{\left|\tilde{b}_{k,p/n}(z_{o,o})\right|}{\left|\tilde{b}_{k,p/n}(z_{o,u})\right|} \right),$$

$$D_{y,3,p/n} = \frac{\lambda \hat{i}^2_{3,p/n}}{4} \sum_{k=1}^{3} \left(\frac{-\tilde{b}_{k,p/n}(\bar{z}_u)}{d'_{k,p/n}\tilde{b}_{k,p/n}(z_{u,o})\,\tilde{b}_{k,p/n}(z_{u,u})} + \frac{1}{d'^2_{k,p/n}h_M} \ln \frac{\left|\tilde{b}_{k,p/n}(z_{u,o})\right|}{\left|\tilde{b}_{k,p/n}(z_{u,u})\right|} \right),$$

$$D_{y,4,p/n} = \frac{\lambda \hat{i}^2_{4,p/n}}{4} \sum_{k=4}^{6} \left(\frac{-\tilde{b}_{k,p/n}(\bar{z}_u)}{d'_{k,p/n}\tilde{b}_{k,p/n}(z_{u,o})\,\tilde{b}_{k,p/n}(z_{u,u})} + \frac{1}{d'^2_{k,p/n}h_M} \ln \frac{\left|\tilde{b}_{k,p/n}(z_{u,o})\right|}{\left|\tilde{b}_{k,p/n}(z_{u,u})\right|} \right)$$

zur Berechnung der Drehkräfte um die y-Achse, wobei für eine kürzere Schreibweise

$$\tilde{b}_{k,p/n}(z) = d_{k,p/n} + d'_{k,p/n} z$$

verwendet wurde. Aufgrund der relativ geringen Höhe $h_M = z_{u,o} - z_{u,u} = z_{o,o} - z_{o,u}$ der Magnetpole und der aufgrund der Abmessungen der Magneteinheiten deutlich eingeschränkten Schrägstellung des Sägeblatts (Das bedeutet, der maximale Betrag von $d'_{k,p/n}$ ist relativ klein.) sind die Drehkräfte um die y-Achse so klein, dass diese bspw. für den Entwurf der Regelung vernachlässigt werden können.

Die Drehkräfte $D_{z,1..4,p/n}$ um die z-Achse entstehen aufgrund der unterschiedlichen Kräfte an den Magnetpolen eines Elektromagneten. Zu deren Berechnung werden die in Gleichung (4.7) überlagerten drei Teilkräfte entsprechend der räumlichen Anordnung gewichtet kumuliert. Als Bezugsachse für die Drehkräfte $D_{z,1..4,p/n}$ dient die jeweilige Mitte des Magneten, wodurch die Teilkraft am mittleren Magnetpol unberücksichtigt bleibt und die Teilkräfte an den beiden äußeren Magnetpolen durch den Abstand $\frac{l_m}{2}$ bzw. $-\frac{l_m}{2}$ zwischen der Mitte des mittleren und des linken bzw. rechten Magnetpols gewichtet aufsummiert wird

$$D_{z,1,p/n} = \frac{\lambda \hat{i}^2_{1,p/n} l_m}{8} \left(\frac{1}{\tilde{b}_{3,p/n}(z_{o,o})\,\tilde{b}_{3,p/n}(z_{o,u})} - \frac{1}{\tilde{b}_{1,p/n}(z_{o,o})\,\tilde{b}_{1,p/n}(z_{o,u})} \right), \tag{4.10a}$$

$$D_{z,2,p/n} = \frac{\lambda \hat{i}^2_{2,p/n} l_m}{8} \left(\frac{1}{\tilde{b}_{6,p/n}(z_{o,o})\,\tilde{b}_{6,p/n}(z_{o,u})} - \frac{1}{\tilde{b}_{4,p/n}(z_{o,o})\,\tilde{b}_{4,p/n}(z_{o,u})} \right), \tag{4.10b}$$

$$D_{z,3,p/n} = \frac{\lambda \hat{i}^2_{3,p/n} l_m}{8} \left(\frac{1}{\tilde{b}_{3,p/n}(z_{u,o})\,\tilde{b}_{3,p/n}(z_{u,u})} - \frac{1}{\tilde{b}_{1,p/n}(z_{u,o})\,\tilde{b}_{1,p/n}(z_{u,u})} \right), \tag{4.10c}$$

$$D_{z,4,p/n} = \frac{\lambda \hat{i}^2_{4,p/n} l_m}{8} \left(\frac{1}{\tilde{b}_{6,p/n}(z_{u,o})\,\tilde{b}_{6,p/n}(z_{u,u})} - \frac{1}{\tilde{b}_{4,p/n}(z_{u,o})\,\tilde{b}_{4,p/n}(z_{u,u})} \right). \tag{4.10d}$$

Wie zuvor beschrieben sollen für den Reglerentwurf die Drehkräfte $D_{y,1..4}$ vernachlässigt werden. Mit Hilfe der Kräfte- und Drehkraftgleichgewichte können die zuvor berechneten Kräfte $F_{1..4}$ und Drehkräfte $D_{z,1..4}$ in vier in der Mitte der Magnete angreifende Kräfte $\hat{F}_{1..4}$ umgerechnet werden

$$\hat{F}_1 = F_1 + \frac{D_{z,1} + D_{z,2}}{l_{S,h}}, \qquad \hat{F}_2 = F_2 - \frac{D_{z,1} + D_{z,2}}{l_{S,h}}, \tag{4.11a}$$

$$\hat{F}_3 = F_3 + \frac{D_{z,3} + D_{z,4}}{l_{S,h}}, \qquad \hat{F}_4 = F_4 - \frac{D_{z,3} + D_{z,4}}{l_{S,h}}. \tag{4.11b}$$

4.3 Reglerentwurf

Der Reglerentwurf für die magnetisch gelagerte Spindel gemäß Abschnitt 3.2 und die damit erzieleten Ergebnisse haben gezeigt, dass die Verwendung des Modells zur Kompensation des nichtlinearen Verhaltens der elektromagnetischen Aktuatoren zum Erfüllen höchster Anforderungen sinnvoll oder sogar erforderlich ist. Entsprechend dieser Methode soll auch der Lageregler für die magnetische Führung von Bandsägeblättern entworfen werden.

In Abbildung 4.10 ist der Aufbau der Regelung schematisch dargestellt. Ein Stromregler stellt mit Hilfe der Spannungen $\boldsymbol{u}$ an den Spulen der Elektromagnete die Ströme $\boldsymbol{i}$ ein. Das elektromagnetische Modell wird zur Berechnung der Sollströme $\boldsymbol{i}_d$ aus den Sollkräften $\boldsymbol{F}_d$ und den gemessenen Positionen $\boldsymbol{q}$ verwendet. Der Lageregler gibt die Sollkräfte $\boldsymbol{F}_d$ anhand des Vergleichs der gemessenen Positionen $\boldsymbol{q}$ und der Sollpositionen $\boldsymbol{q}_d$ vor. Der Algorithmus zur Blattverlaufskorrektur fordert Auslenkungen des Sägeblatts in der Magnetführung in Abhängigkeit vom gemessenen Sägeblattverlauf $\boldsymbol{q}_B$.

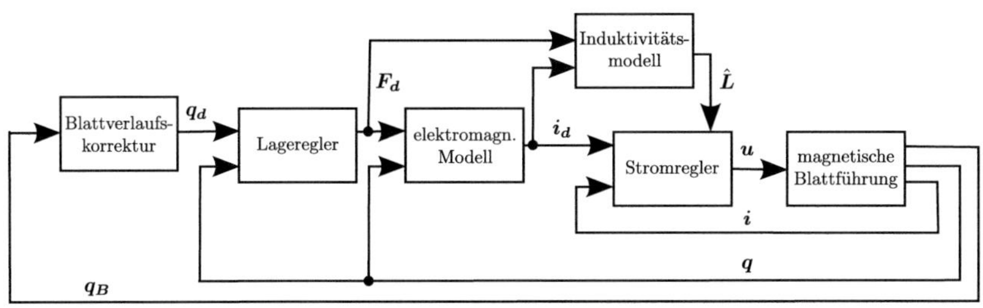

Abbildung 4.10: Schema der Regelung

4.3.1 Stromregelung

Die Stromregelung soll den Sollstrom in möglichst kurzer Zeit einstellen. Aus diesem Grund wurde ähnlich dem Entwurf für die magnetisch gelagerte Spindel ein Stromregler entworfen, der basierend auf einem Modell des elektrischen Verhaltens des Elektromagneten die für die erforderliche Stromänderung benötigte Stellspannung berechnet. Im Unterschied zur magnetisch gelagerten Spindel gibt es bei der magnetischen Führung von Bandsägeblättern keine mechanische Begrenzung, die einen Restluftspalt gewährleistet. Aus diesem Grund ist hierbei eine deutlich größeren Varianz der Induktivität zu erwarten.

Demnach kann das Regelgesetz gemäß Gl. (3.17) für die Stromregelung der Elektromagnete verwendet werden. Die darin verwendete Induktivität sollte aufgrund der großen Luftspaltänderung durch einen Schätzwert ersetzt werden. Dazu wird das Induktionsgesetz verwendet

$$u = \frac{\mathrm{d}\Psi}{\mathrm{d}t} = \frac{\mathrm{d}\,(Li)}{\mathrm{d}t} = L\frac{\mathrm{d}i}{\mathrm{d}t} + \frac{\mathrm{d}L}{\mathrm{d}t}i. \tag{4.12}$$

Der Induktionsfluss Ψ ergibt sich aus dem magnetischen Fluss Φ durch die n Windungen aus

$$\Psi = n\Phi.$$

Unter der Annahme, dass der magnetische Fluss Φ durch die Spule auch durch das Sägeblatt fließt, kann für die weiteren Betrachtungen das Modell zur Beschreibung der Grenzflächenkraft F verwendet werden. Demnach ist gemäß Gl. (2.20) der Zusammenhang zwischen dem magnetischen Fluss und der entstehenden Grenzflächenkraft bekannt, und in Gleichung (4.8) wird die Kraft aus dem Strom $\hat{i}$, dem Lagerparameter λ und einem Luftspaltfaktor

G_X berechnet:

$$F = \frac{\Phi^2}{2\mu_0 A} = \frac{\lambda \hat{i}^2}{4} G_X.$$

Stellt man diesen Zusammenhang nach dem magnetischen Fluss Φ um und verwendet diesen zur Berechnung des Induktionsflusses, so erhält man

$$\Psi = \sqrt{\frac{n^2 \mu_0 A \lambda G_X}{2}} \hat{i}. \tag{4.13}$$

Aus der Gleichung (4.13) und dem Induktionsgesetz (4.12) kann auf die Induktivität L geschlossen werden. Dabei ist jedoch zu beachten, dass der Induktionsfluss Ψ vom Strom $\hat{i} = i + i_e$ abhängt. Das bedeutet, ist $\frac{di_e}{dt}$ vernachlässigbar, so kann für die Induktivität

$$L \approx \sqrt{\frac{n^2 \mu_0 A \lambda G_X}{2}} = \sqrt{\frac{2n^2 \mu_0 A F}{\hat{i}^2}} \tag{4.14}$$

angenommen werden. Mit Hilfe der Gleichung (4.14) kann aus der in der Regelung berechneten Sollkraft F_d und dem Sollstrom $\hat{i}_d$ auf einfache Weise ein Schätzwert für die Induktivität $\hat{L}$ berechnet und für die Stromregelung verwendet werden.

4.3.2 Elektromagnetisches Modell

Das elektromagnetische Modell in der Regelung soll dafür sorgen, dass durch den Lageregler vorgegebene Kräfte $\boldsymbol{F}_d$ trotz des nichtlinearen Verhaltens und der Luftspaltabhängigkeit der Elektromagnete auf das Sägeblatt wirken. Dazu wird das zuvor hergeleitete Modell der Krafterzeugung verwendet.

Wird die Drehkraft um die y-Achse durch die Flussdichteunterschiede entlang jedes Magnetpols vernachlässigt, so sind die oberen und die unteren Elektromagnete bzgl. der Krafterzeugung unabhängig. Das heißt, die resultierenden Kräfte $\hat{F}_{1..4}$, die sich aus den Gleichungen (4.11), (4.10) und (4.8) ergeben, lassen sich durch

$$\begin{pmatrix} \hat{F}_1 \\ \hat{F}_2 \end{pmatrix} = \boldsymbol{G}_{X,o} \begin{pmatrix} \Lambda(i_{1,p}) \\ \Lambda(i_{2,p}) \\ \Lambda(i_{1,n}) \\ \Lambda(i_{2,n}) \end{pmatrix}, \qquad \begin{pmatrix} \hat{F}_3 \\ \hat{F}_4 \end{pmatrix} = \boldsymbol{G}_{X,u} \begin{pmatrix} \Lambda(i_{3,p}) \\ \Lambda(i_{4,p}) \\ \Lambda(i_{3,n}) \\ \Lambda(i_{4,n}) \end{pmatrix} \tag{4.15}$$

beschreiben, wobei die Kräfte $\hat{F}_1$ und $\hat{F}_2$ bzw. $\hat{F}_3$ und $\hat{F}_4$ unabhängig von den Erregungen $\Lambda\left(i_{3,p/n}\right)$ und $\Lambda\left(i_{4,p/n}\right)$ bzw. $\Lambda\left(i_{1,p/n}\right)$ und $\Lambda\left(i_{2,p/n}\right)$ sind. Die Einträge in den Matrizen $\boldsymbol{G}_{X,o/u}$ ergeben sich aus den zuvor genannten Gleichungen und hängen lediglich von der Geometrie der Magnet- und der Sensoranordnung sowie den Messwerten $x_{S,1..4}$ ab. Um die erforderlichen Erregungen $\Lambda\left(i_{d,1..4,p/n}\right)$ zu berechnen, müssen die Gleichungssysteme (4.15) gelöst werden. Dies wird hier für den ersten Teil (Kräfte $\hat{F}_1$ und $\hat{F}_2$) gezeigt und kann für die Kräfte $\hat{F}_3$ und $\hat{F}_4$ in gleicher Weise erfolgen.

Zur Berechnung der Lösung muss berücksichtigt werden, dass jeder Elektromagnet nur das Sägeblatt anziehende Kräfte erzeugen kann. Das heißt, zusätzlich zu den Gleichungen (4.15) wird für je zwei der Elektromagnete eine Arbeitspunktkraft $F_0 \geq 0$ gefordert. Dazu wird die Matrix $\boldsymbol{G}_{X,o}$ entsprechend den gesetzten Elektromagneten geteilt, wobei $\boldsymbol{G}_{X,o}^{j,\,k}$ aus den Komponenten, die zum j-ten und k-ten Eintrag des Erregungsvektors aus Gleichung (4.15) gehören, besteht. Außerdem ist es nicht sinnvoll, zur Erzeugung der resultierenden Kräfte die sich direkt gegenüberstehenden Elektromagnete zu verwenden. Demnach sind die folgenden vier Lösungen zu untersuchen:

$$\text{I:}\quad \begin{pmatrix} \Lambda\left(i_{d,1,p}\right) \\ \Lambda\left(i_{d,2,p}\right) \end{pmatrix} = \left(\boldsymbol{G}_{X,o}^{1,\,2}\right)^{-1} \begin{pmatrix} F_{d,1} - F_0 \\ F_{d,2} - F_0 \end{pmatrix}, \quad \begin{pmatrix} \Lambda\left(i_{d,1,n}\right) \\ \Lambda\left(i_{d,2,n}\right) \end{pmatrix} = \left(\boldsymbol{G}_{X,o}^{3,\,4}\right)^{-1} \begin{pmatrix} F_0 \\ F_0 \end{pmatrix},$$

$$\text{II:}\quad \begin{pmatrix} \Lambda\left(i_{d,1,p}\right) \\ \Lambda\left(i_{d,2,n}\right) \end{pmatrix} = \left(\boldsymbol{G}_{X,o}^{1,\,4}\right)^{-1} \begin{pmatrix} F_{d,1} - F_0 \\ F_{d,2} - F_0 \end{pmatrix}, \quad \begin{pmatrix} \Lambda\left(i_{d,2,p}\right) \\ \Lambda\left(i_{d,1,n}\right) \end{pmatrix} = \left(\boldsymbol{G}_{X,o}^{2,\,3}\right)^{-1} \begin{pmatrix} F_0 \\ F_0 \end{pmatrix},$$

$$\text{III:}\quad \begin{pmatrix} \Lambda\left(i_{d,2,p}\right) \\ \Lambda\left(i_{d,1,n}\right) \end{pmatrix} = \left(\boldsymbol{G}_{X,o}^{2,\,3}\right)^{-1} \begin{pmatrix} F_{d,1} - F_0 \\ F_{d,2} - F_0 \end{pmatrix}, \quad \begin{pmatrix} \Lambda\left(i_{d,1,p}\right) \\ \Lambda\left(i_{d,2,n}\right) \end{pmatrix} = \left(\boldsymbol{G}_{X,o}^{1,\,4}\right)^{-1} \begin{pmatrix} F_0 \\ F_0 \end{pmatrix},$$

$$\text{IV:}\quad \begin{pmatrix} \Lambda\left(i_{d,1,n}\right) \\ \Lambda\left(i_{d,2,n}\right) \end{pmatrix} = \left(\boldsymbol{G}_{X,o}^{3,\,4}\right)^{-1} \begin{pmatrix} F_{d,1} - F_0 \\ F_{d,2} - F_0 \end{pmatrix}, \quad \begin{pmatrix} \Lambda\left(i_{d,1,p}\right) \\ \Lambda\left(i_{d,2,p}\right) \end{pmatrix} = \left(\boldsymbol{G}_{X,o}^{1,\,2}\right)^{-1} \begin{pmatrix} F_0 \\ F_0 \end{pmatrix}.$$

Alle vier Lösungen sind zu berechnen, jedoch ist diejenige zu verwenden, die die Bedingungen

$$\Lambda\left(i_{d,1,p}\right) \geq 0, \qquad \Lambda\left(i_{d,2,p}\right) \geq 0, \qquad \Lambda\left(i_{d,1,n}\right) \geq 0, \qquad \Lambda\left(i_{d,2,n}\right) \geq 0$$

erfüllt.

Anhand der Abbildung 4.8 ist offensichtlich, das die Funktion Λ eindeutig invertierbar ist. Demnach lassen sich die Sollströme $i_{d,1..4,p/n}$ mit Hilfe der Umkehrfunktion Λ^{-1} berechnen.

4.3.3 Lageregelung

Die vertikalen Mittellinien übereinanderliegender Magnete und die direkt darüber bzw. darunterliegenden Sensoren befinden sich auf einer Geraden. Aus diesem Grund werden als Regelgrößen für die Lageregelung die Positionen des Sägeblatts über der Mitte jedes Magneten verwendet. Zur Berechnung der Istwerte x_1, x_2, x_3 bzw. x_4 aus den Sensormesswerten $x_{S,1}$, $x_{S,2}$, $x_{S,3}$ und $x_{S,4}$ wird Gleichung (4.2) benutzt. Das Sägeblatt wird durch den zu sägenden Stamm ausgelenkt und verformt. Diese Störung dominiert das Verhalten des Sägeblatts, wodurch eine detaillierte Modellierung der Bewegung und der Verformung des Sägeblatts nicht sinnvoll erscheint. Aus diesem Grund wird das Sägeblatt durch vier unabhängige Punktmassen angenähert. Im folgenden wird die Lageregelung beispielhaft für eine dieser Positionen hergeleitet. (Der Index j steht dabei für die Nummer der Position, $j \in \{1, \ldots, 4\}$.)

Zur Herleitung des Regelgesetzes wird zuerst der Fehler e_{x_j} durch

$$\dot{e}_{x_j} = x_{d,j} - x_j$$

vereinbart. Der Fehler der Sägeblattposition soll der Fehlerdynamik

$$\dddot{e}_{x_j} + k_2 \ddot{e}_{x_j} + k_1 \dot{e}_{x_j} + k_0 e_{x_j} = 0$$

genügen, wobei die Koeffizienten $k_{0..2}$ so gewählt werden müssen, dass stabiles Verhalten vorliegt. Abgesehen davon können die Koeffizienten $k_{0..2}$ frei gewählt werden und dienen zur Parametrierung des Reglerverhaltens.

Wie zuvor beschrieben, wird für das Sägeblatt an der Stelle x_j eine Punktmasse m angenommen. Durch die Kompensation des nichtlinearen und luftspaltabhängigen Verhaltens der Elektromagnete kann als Modell der Regelstrecke für den Lagereglerentwurf

$$\ddot{x}_j = a_{x_j}$$

dienen. Durch Einsetzen des Regelstreckenmodells in die Fehlerdynamik und Umstellen nach der Beschleunigung a_{x_j} bzw. der Sollkraft $F_{d,j}$ erhält man das Regelgesetz

$$F_{d,j} = m a_{x_j} = m \left(\ddot{x}_{d,j} + k_2 \ddot{e}_{x_j} + k_1 \dot{e}_{x_j} + k_0 e_{x_j} \right) .$$

Die Wahl der Fehlerdynamik führt zu einem PID-Regler. Diese Wahl ist eine der einfachsten und häufigst verwendeten, jedoch können durch die Wahl eines anderen Fehlerverhaltens und/oder der Verwendung verfeinerter Modelle der Regelstrecke andere vielleicht auch bessere Regelgesetze hergeleitet werden.

4.3.4 Kompensation des Blattverlaufens

Zum Entwurf der Kompensation des Blattverlaufens wird ein Modell des Schnittverhaltens benötigt. Das Sägeblatt besteht aus einem massiven Blattkörper mit eingeschliffenen Zähnen. An der Spitze der Zähne ist je eine Schneide befestigt, die beiderseits des Blattkörpers übersteht. Ohne Vorschub des Holzes schneidet das Sägeblatt nicht, auch nicht zur Seite. (Das bereits seitlich verlaufene Sägeblatt kommt ohne Holzvorschub nicht zur Mitte zurück.) Aufgrund der eingeprägten Blattspannung hat das Sägeblatt stets den Drang zur Mitte zurückzukommen. (Mit Mitte ist die Position des Sägeblatts gemeint, an der es sich im Leerlauf befindet.) Trotzdem verläuft das Sägeblatt, da Störungen (bspw. seitliche Störkräfte durch Fehler des Sägeblatts, ungleiche Schnittkräfte aufgrund der Beschaffenheit des Holzes) auf das Sägeblatt wirken. Als ein einfaches Modell für den Blattverlauf x_B in Abhängigkeit von der Vorschubgeschwindigkeit $\dot{z}_S$ und der Sägeblattposition x_M am zahnseitigen, holzzugewandten Magneten kann

$$\dot{x}_B = K\dot{z}_S\,(x_M - Cx_B) \tag{4.16}$$

verwendet werden. Die Parameter K und C hängen bspw. von der Beschaffenheit des Sägeblatts und der Blattspannung ab. Das Ziel der Blattverlaufskompensation ist, die Abweichung des Sägeblatts am Holz $e_{x_B} = -x_B$ auf Null zu bringen. Dazu wird die Fehlerdynamik

$$\ddot{e}_{x_B} + k_1\dot{e}_{x_B} + k_0 e_{x_B} = 0 \tag{4.17}$$

vorgegeben, bei der durch die Wahl der Koeffizienten $k_{0/1}$ (Reglerparameter) stabiles Verhalten sichergestellt werden muss. Durch Einsetzen des Regelstreckenmodells (4.16) in die gewünschte Fehlerdynamik (4.17) und anschließendes Umstellen nach der Blattposition x_M im Magneten erhält man das Regelgesetz (PI-Regler)

$$x_{d,M} = \frac{k_1}{K\dot{z}_S}\dot{e}_{x_B} + \left(\frac{k_0}{K\dot{z}_S} - C\right)e_{x_B},$$

durch das die Vorgabe der Sollpositon $x_{d,M}$ möglich wird. Diese Sollposition wird an den beiden zahnseitigen Magneten gefordert, an den beiden rückenseitigen Magneten wird der Sollwert Null gesetzt, da die rückenseitige Auslenkung keinen nennenswerten Einfluss auf das Blattverlaufen hat.

4.4 Ergebnisse

Die Erprobung der magnetischen Führung für Bandsägeblätter erfolgte in einem Sägewerk, in dem für den Vorschnitt eine 4-fach-Bandsäge verwendet wird. Beim Vorschnitt werden beidseitig (links und rechts) vom entrindeten, meist wurzelreduzierten Stammabschnitt die Seitenbretter abgetrennt. In Abbildung 4.11 ist ein Foto der Anordnung in der Maschine gezeigt. In der Mitte ist ein Baumstamm zu erkennen, der die Maschine gerade verlässt. Die vier Sägeblätter sind grundsätzlich versetzt angeordnet, wobei hier die beiden inneren, hinteren Sägen mit der magnetischen Führung ausgerüstet, die beiden äußeren, vorderen Sägen konventionell mechanisch geführt sind.

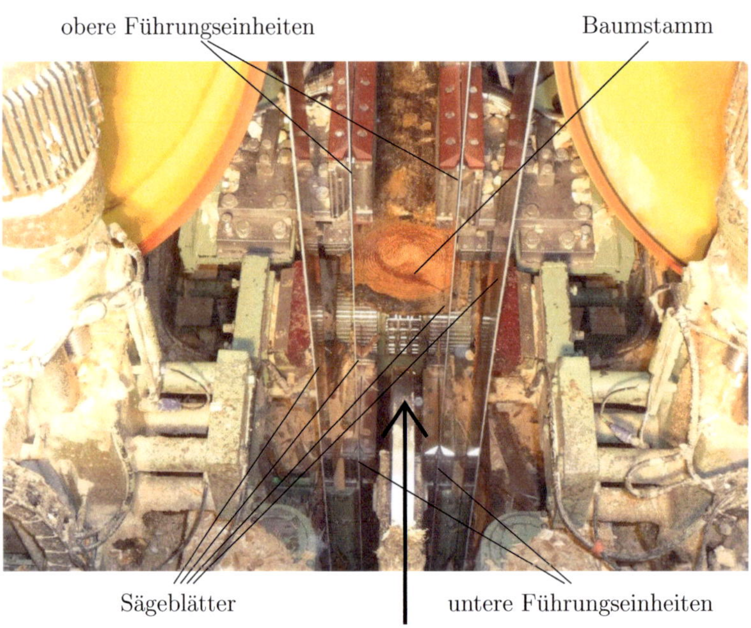

Abbildung 4.11: Foto einer 4-fach-Bandsäge mit zwei magnetisch geführten Sägeblättern

Während des regulären Sägebetriebs wurden Messungen durchgeführt, um einerseits die Funktion der magnetischen Führung unter realen industriellen Bedingungen zu dokumentieren und andererseits das Verhalten des magnetisch geführten Sägeblatts mit dem des mechanisch geführten Blatts zu vergleichen.

In den Abbildungen 4.12–4.15 sind Messergebnisse während des Schnitts eines Stammes dargestellt. In diesen Diagrammen ist zu sehen, dass das Sägeblatt bei ca. $0,5$ s ins Holz einschneidet und bei ca. $6,5$ s den Stamm wieder verlässt. Alle Messwerte sind in Abhängigkeit von der Zeit dargestellt. Das Diagramm 4.12 zeigt die Auslenkung des Sägeblatts nahe der Zähne. Dabei ist zu erkennen, wie der Sollwert für die Auslenkung durch den gemessenen Blattverlauf angepasst wird und dass die Messwerte für X_1 und X_3 dem Sollverlauf gut folgen. In der Abbildung 4.13 sind die gemessenen Positionen und die Sollposition in der Nähe des Blattrückens dargestellt. Dort wird das Sägeblatt während des Schnitts in der Mitte gehalten. In 4.14 sind die Regelabweichungen für X_1 und X_3 dargestellt. Die Abweichungen sind dem Betrag nach groß, die Ursache dafür ist aber in der Abbildung 4.16 zu sehen. Dort sind die Sollposition und die gemessenen Positionen X_1 und X_3 im Zeitabschnitt zwischen 1 bis 3 s dargestellt. Dort sieht man, dass die gemessenen Positionen dem Sollverlauf gut folgen, jedoch eine Verzögerung zu erkennen ist. Die Abbildung 4.15 zeigt die Ströme der oberen magnetischen Führung während des Schnitts eines Stamms. Das Vorzeichen der Ströme (Vier Ströme sind negativ.) ist für den Betrag der erzeugten Kraft bedeutungslos, es wurde aber so gewählt, um die Pulssteller weniger zu belasten. Die Abbildungen 4.16–4.19 zeigen die gleichen Messergebnisse im Zeitabschnitt 1 bis 3 s.

Nahe der Holzoberkante zahnseitig sind zusätzliche, auf das Sägeblatt messende Abstandssensoren montiert, die dem Anlagenführer das Verlaufen des Sägeblatts anzeigen. Da in der 4-fach-Bandsäge, an der diese Messungen durchgeführt wurden, zwei Sägeblätter magnetisch und zwei Sägeblätter mechanisch geführt wurden, ist mit Hilfe dieser Blattverlaufssensoren ein direkter Vergleich der beiden Führungen in Bezug auf die Schnittqualität möglich. Dazu wurden gleichzeitig die Signale der Blattverlaufssensoren der magnetisch und der mechanisch geführten Säge einer Seite beim Schnitt eines Stamms aufgezeichnet. Aufgrund der gleichzeitigen Messung auf einer Seite der Maschine werden Schnitte in einem Abstand von 25 mm (Das ist die Dicke des abgetrennten Bretts, das sich zwischen den beiden Sägeblättern befindet.) durch das gleiche Stück Holz miteinander verglichen. Die folgenden technologischen Parameter lagen beim gemessenen Stamm vor: Schnitthöhe ca. 230 mm, Vorschubgeschwindigkeit 75 m/min, Schnittgeschwindigkeit 45 m/s und

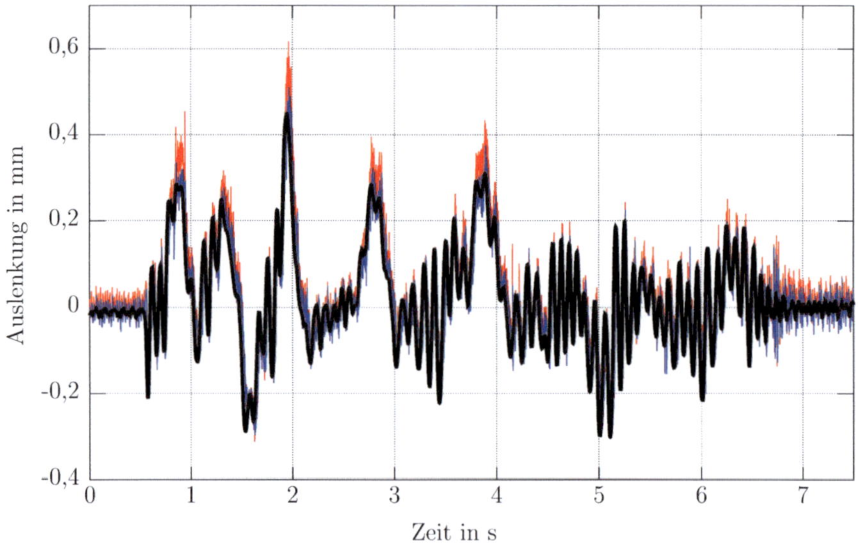

Abbildung 4.12: Auslenkung des Sägeblatts auf der Zahnseite beim Schneiden eines Stamms (obere Führung): schwarz: Sollwert für die Auslenkung, blau: Messwert für die Position x_1, rot: Messwert für die Position x_3

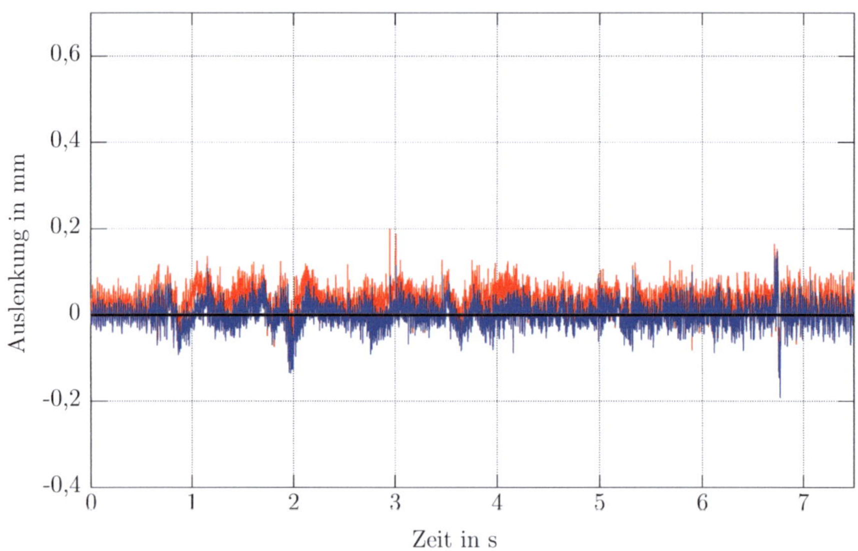

Abbildung 4.13: Auslenkung des Sägeblatts am Blattrücken beim Schneiden eines Stamms (obere Führung): schwarz: Sollwert für die Auslenkung, blau: Messwert für die Position x_2, rot: Messwert für die Position x_4

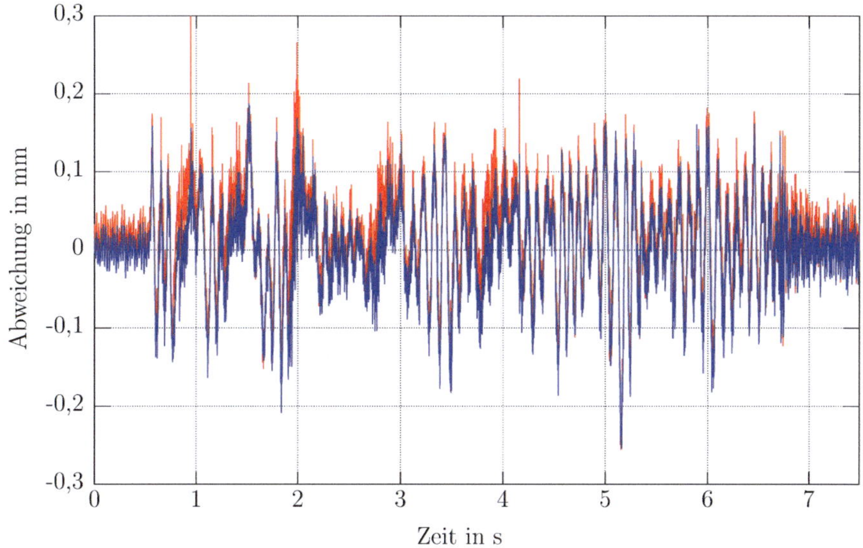

Abbildung 4.14: Regelabweichung der Positionen auf der Zahnseite beim Schneiden eines Stamms (obere Führung): blau: Regelabweichung von x_1, rot: Regelabweichung von x_3

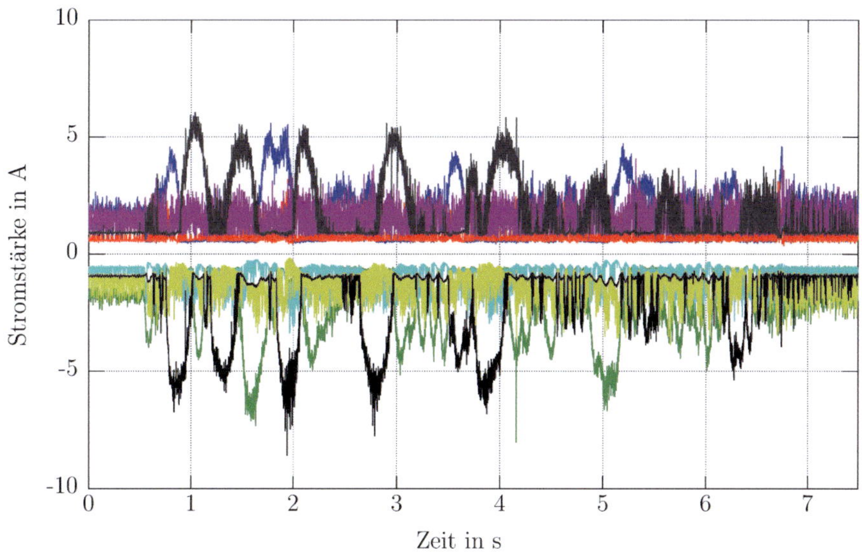

Abbildung 4.15: Stromstärken in der oberen magnetischen Führung des Sägeblatts beim Schneiden eines Stamms

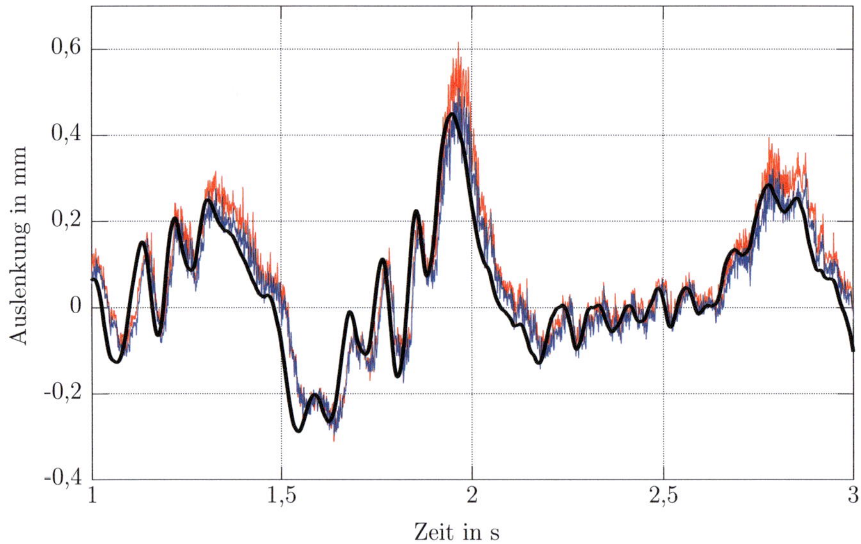

Abbildung 4.16: Auslenkung des Sägeblatts auf der Zahnseite im Schnitt (obere Führung): schwarz: Sollwert für die Auslenkung, blau: Messwert für die Position x_1, rot: Messwert für die Position x_3

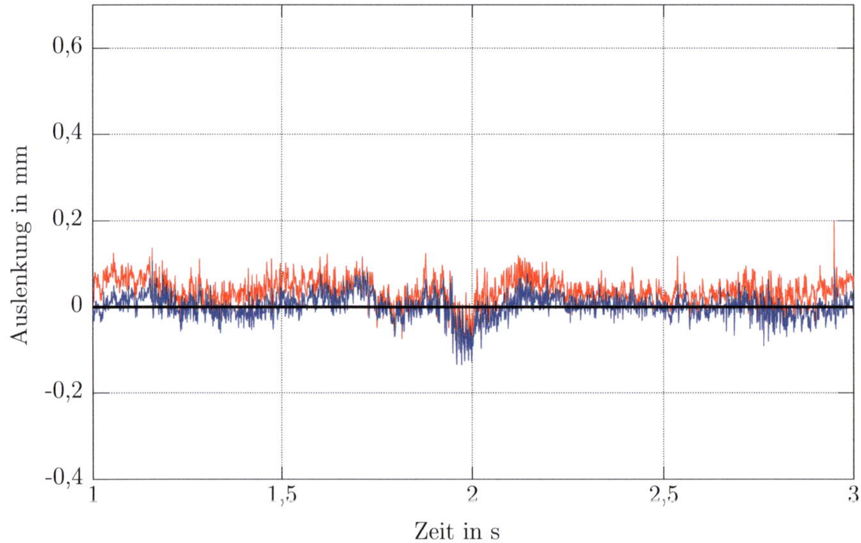

Abbildung 4.17: Auslenkung des Sägeblatts am Blattrücken im Schnitt (obere Führung): schwarz: Sollwert für die Auslenkung, blau: Messwert für die Position x_2, rot: Messwert für die Position x_4

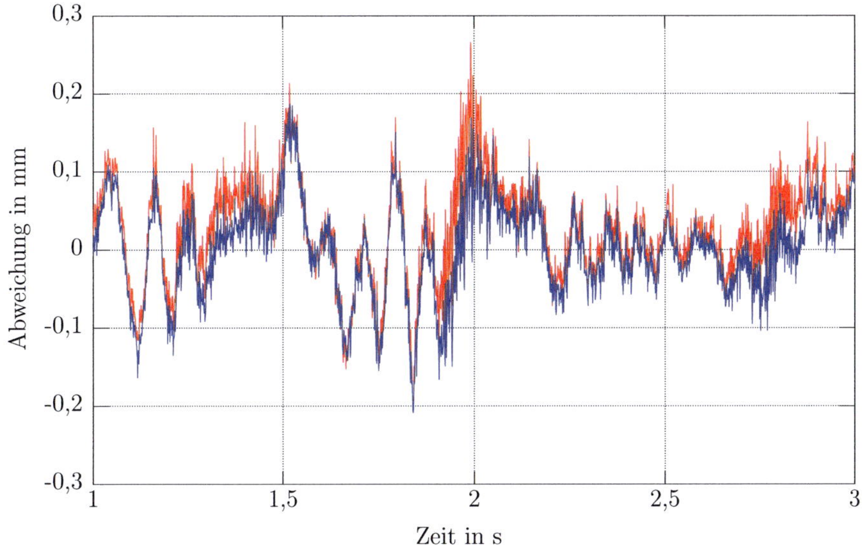

Abbildung 4.18: Regelabweichung der Positionen auf der Zahnseite im Schnitt (obere Führung): blau: Regelabweichung von x_1, rot: Regelabweichung von x_3

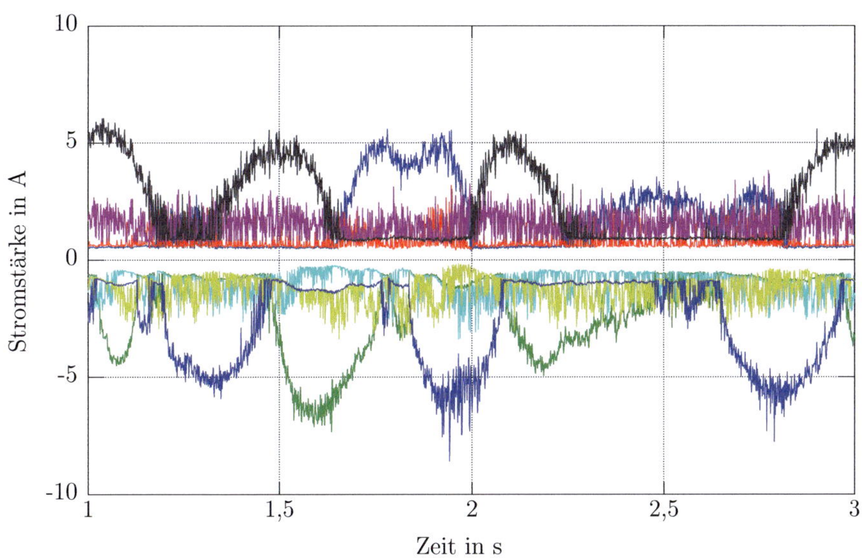

Abbildung 4.19: Stromstärken in der oberen magnetischen Führung des Sägeblatts im Schnitt

Zahnteilung 50 mm. In Abbildung 4.20 ist das Ergebnis der Messung dargestellt.

Die rot gezeichnete Kurve, die den Blattverlauf des magnetisch geführten Sägeblatts zeigt, schlängelt sich um die Nulllinie. Es ist daraus zu erkennen, dass dem Blattverlaufen beim Schneiden des Stamms durch die magnetische Führung aktiv entgegengearbeitet wird. Die zu erkenenden Schwingungen werden durch die periodisch wiederkehrende Schweißnaht oder durch den Zahneingriff angeregt. Beim blau eingezeichnten Verlauf, das Signal vom Blattverlaufssensor der mechanisch geführten Säge, verläuft das Sägeblatt beim Eintritt ins Holz. Im weiteren Verlauf schwankt die Position des Sägeblatts und kehrt am Ende des Schnitts wieder zu Null zurück. Für einen besseren Vergleich wurden im Bereich des Schnitts, also im Zeitabschnitt von 1 bis 6, 5 s, jeweils der Mittelwert und die Spannweite bestimmt. Während der Mittelwert bei der magnetisch geführten Säge nahe Null ist, verläuft die mechanisch geführte Säge im Mittel um ca. 0, 43 mm. Die Spannweite beträgt bei der magnetisch geführten Säge ca. 0, 3 mm, im Fall der mechanischen Führung über 0, 5 mm. Das bedeutet, ein Brett, das mit einer mechanisch geführten Säge abgetrennt wird, weist deutlich höhere Dickenschwankungen auf und kann in der Dicke deutlich abweichen. Das hat zur Folge, dass ggf. die Weiterverarbeitung aufwendiger ist und ggf. mehr Aufmaß zur Einhaltung einer Mindestdicke berücksichtigt werden muss.

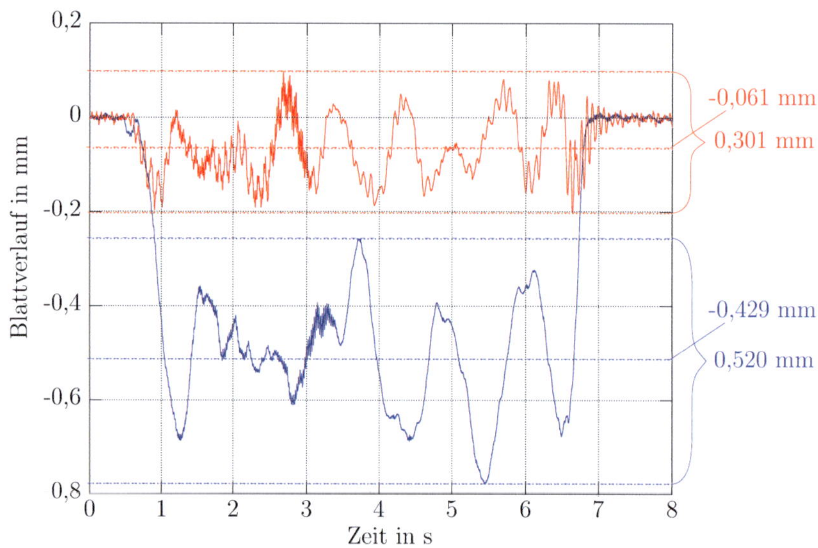

Abbildung 4.20: Gemessener Blattverlauf beim Sägen eines Stamms: magnetisch geführt (rot), mechanisch geführt (blau)

Kapitel 5

Zusammenfassung

In zwei Anwendungsfeldern, bei magnetisch gelagerten Bearbeitungsspindeln zum Unrundausdrehen von Motorkolben und bei magnetischen Führungen für Bandsägeblätter, werden aktive magnetische Aktuatoren in der industriellen Praxis eingesetzt, um spanabhebende Werkzeuge zu lagern bzw. zu führen. In beiden Anwendungsfällen wird dazu eine Trajektorienfolgeregelung verwendet. Diese ermöglicht es, die Spindel bzw. das Bandsägeblatt gezielt entlang einer vorgegebenen Bahn zu führen und so unrunde Bohrungen herzustellen bzw. aktiv gegen das Verlaufen des Sägeblatts zu arbeiten.

Bei magnetisch gelagerten Spindeln für die spanende Fertigung werden Magnetlager verwendet, um den Rotor mikrometergenau, synchron zur Rotation entlang einer vorgegebenen Bahn zu bewegen. Um dies zu erreichen, wurden für die Krafterzeugung durch die Magnetlager unterschiedlich detaillierte Netzwerkmodelle hergeleitet. Der Vergleich zwischen Ergebnissen einer Kraftmessung, einer FEM-Rechnung und der Berechnung mit Hilfe der Netzwerkmodelle ergab, dass alle verwendeten Modelle den Zusammenhang zwischen den Strömen, der Lage des Rotors und den sich dabei einstellenden Kräften gleich gut wiedergeben. (Die ermittelte maximale Kraftabweichung betrug 20 N. Bezogen auf die unter den jeweiligen Bedingungen erzeugte Kraft ist das eine Abweichung von weniger als 5 %.) Das Netzwerkmodell hat den Vorteil, dass es aus dem konstruktiven Aufbau und den Materialeigenschaften abgeleitet wird und Gleichungen liefert, die ohne weiteres direkt für Ansteuerungsalgorithmen verwendet werden können. Die Herleitung einer flachheitsbasierten Trajektorienfolgeregelung wurde gezeigt und spezielle Algorithmen zur Rekonstruktion und Kompensation mehrerer harmonischer Störbeschleunigungen bei aktiv magnetisch gelagerten Spindeln vorgestellt. Die gemessenen maximalen Regelabweichungen von $0,5\ \mu$m während mehrerer Versuche bei Leerlauf der Spindel belegen, dass die hohen Anforderungen bzgl. der Positioniergenauigkeit auch bei anspruchsvolleren Sollpositionsverläufen erfüllt werden. Zudem verdeutlichen Messergebnisse von bearbeiteten Motorkolben, dass trotz auf die Spindel wirkender Bearbeitungskräfte eine hohe Positioniergenauigkeit der Spindel und daraus folgend eine hohe Formgenauigkeit am Werkstück (runde oder ovale Bohrungen: 1 μm maximale Formabweichung) eingehalten wird.

Das Bandsägeblatt, das beim Schneiden bspw. aufgrund von Inhomogenitäten im Holz oder Asymmetrien des Sägeblatts seitlich verläuft, wird mit Hilfe der aktiven magnetischen Führung entgegen der gemessenen Verlaufsrichtung gezogen bzw. gezielt ausgelenkt. Dazu sind je oberhalb und unterhalb des Holzes, beiderseits des Sägeblatts Sensor-Magnet-Einheiten angebracht. Die Sensoren erfassen die Lage des Sägeblatts. Ein mit Hilfe von Netzwerkmethoden entworfenes Modell des Stromstärke-Positions-Kraft-Zusammenhangs dient als Grundlage für den Entwurf einer Trajektorienfolgeregelung. Bei der Modellierung wurden Streuflüsse und Sättigungserscheinungen mittels gezielter Modifaktionen des Netzwerks bzw. von Netzwerkelementen berücksichtigt. Die Ergebnisse von Kraftberechnungen mittels der Netzwerkgleichungen wurden mit Messergebissen verglichen und zeigen eine gute Übereinstimmung. Die Regelung, die diese Modellgleichungen explizit verwendet, wurde in der Software einer industriellen Steuerung implementiert und unter realen Praxisbedingungen getestet. Die magnetische Führung des Sägeblatts erhöht deutlich die Schnittqualität am Holz bei gleichzeitiger Erhöhung der Vorschubgeschwindigkeit. Die bei der Firma Holz Schiller (Regen) eingebaute magnetische Führung an einer Blockbandsäge zeigt die Verbesserung der Schnittgenauigkeit: Seit dem Einbau der magnetischen Führung gibt es statt bisher 200 nur noch 20 – 30 Stücke pro Tag mit zu großen Abweichungen (siehe [24]). Bei Langzeittests in den Sägewerken der Firma Fruytier (Vivy, Belgien) und der Gebrüder Eigelshoven KG (Würselen) konnte eine Produktivitätssteigerung von ca. 25 % (siehe [22] und [25]) erzielt werden. Die magnetische Führung wurde zu Lehrzwecken auch an einer Blockbandsäge der FH Rosenheim montiert (siehe [23]).

Die beschriebenen Anwendungsfälle zeigen anschaulich die Vorteile der expliziten Verwendung der Modelle zur Beschreibung der Kraftentstehung an magnetischen Aktuatoren in der Regelung. Die Verwendung der Modelle ermöglicht die Einhaltung hoher Genauigkeitsanforderungen. Lagerkräfte können relativ schnell und betragsgenau erzeugt werden, auch wenn das zu lagernde Teil sich nicht in Nominallage befindet. Somit kann der gesamte Luftspalt genutzt werden, ohne Qualitätseinbußen bezüglich des Regelungsverhaltens befürchten zu müssen.

Technische Daten und Parameter

In den folgenden beiden Abschnitten soll ein Überblick über die technischen Daten und die eingestellten Parameter für die magnetisch gelagerte Spindel und die magnetische Führung für Bandsägeblätter gegeben werden.

Magnetisch gelagerte Spindel

Angaben zum Rotor (ohne Werkzeug):

Außendurchmesser:	ca. 55 mm
Länge:	ca. 450 mm
Masse:	ca. 14 kg
Massenträgheitsmoment J_1:	ca. $0,01$ kg m^2
Massenträgheitsmoment J_2:	ca. $0,3$ kg m^2
Maximaldrehzahl:	20.000 min^{-1}

Angaben zu den Radiallagern:

Außendurchmesser:	ca. 135 mm
Innendurchmesser:	ca. 56 mm
Packetlänge:	ca. 55 mm
Nominalluftspalt:	ca. $0,5$ mm
Lagerkraftparameter λ:	ca. $1,25 \cdot 10^{-6}$ N m^2A^{-2}
Maximalstrom:	16 A
Maximalkraft (in Nominallage):	ca. 500 N
Ausführung:	3-phasig, geblecht

Angaben zum Axiallager:

Außendurchmesser:	ca. 135 mm
Nominalluftspalt:	ca. $0,6$ mm
Lagerkraftparameter λ:	ca. $5,8 \cdot 10^{-6}$ N m^2A^{-2}
Maximalstrom:	16 A
Maximalkraft (in Nominallage):	ca. 800 N
Ausführung:	Topflager, Stahl massiv

Angaben zum Motor:

Typ:	Asynchronmaschine, Kurzschlussläufer
Polpaarzahl:	2
Nennspannung:	400 V
Nennstromstärke:	23 A
Nennleistung:	10 kW (mit Wasserkühlung)
Nenndrehzahl:	29.600 min^{-1}

Angaben zur Messung:

Positionsmessung:	5 Wirbelstrom-Sensoren
Winkelmessung:	berührungsloser Inkrementalgeber
Auflösung (Winkelmessung):	1.024 Inkremente pro Umdrehung

Typische technologische Werte bei der Bearbeitung:

Drehzahl:	11.000 min^{-1}
Spantiefe (Vorbearbeitung):	$0,2 - 0,3$ mm
Spantiefe (Fertigbearbeitung):	$0,03 - 0,05$ mm
Vorschubgeschwindigkeit:	60 – 120 mm min^{-1}

Magnetische Führung für Bandsägeblätter

Angaben zur Maschine:

Rollendurchmesser:	1.400 – 1.800 mm
Antriebsleistung:	75 – 132 kW

Angaben zum Bandsägeblatt:

Dicke:	$1,47 - 1,83$ mm
Zahnteilung (typisch):	50 mm
Zahnüberstand:	ca. $0,8$ mm
Zahnwerkstoff:	Stellite
Breite:	190 – 210 mm
Länge:	10 – 12 m
mechanische Vorspannung:	160 – 180 N mm^{-2}
Werkstoff des Blattkörpers:	Stahl C50

Typische technologische Parameter:

Schnittgeschwindigkeit:	40 – 70 m s^{-1}
Vorschubgeschwindigkeit:	35 – 100 m min^{-1}
Schnitthöhe:	bis 750 mm (4-fach-Bandsäge) bis 1.300 mm (Blockbandsäge)
Artikeldimension:	variabel einstellbar, meist Ergebnis einer Ausbeuteoptimierung nach Vermessung

Angaben zu den Magnetblöcken:

Magnetbreite:	180 mm
Magnetblockhöhe:	130 mm
Magnetblocktiefe:	38 mm
Maximalkraft:	600 N
Maximalstromstärke:	16 A
Positionsmessung:	4 Wirbelstromsensoren

Symbolverzeichnis

Bei der Wahl der Symbole wurde versucht, eindeutige Bezeichnungen zu benutzen. Da jedoch einige Symbole in der Literatur fest etabliert sind, konnte eine teilweise Doppelverwendung von Buchstaben nicht verhindert werden. Viele der Symbole werden in der Arbeit mit Indizes verwendet. Diese dienen zur genaueren Zuordnung und sind an den jeweiligen Stellen erklärt. Skalare Größen sind stets normal geschrieben, Vektoren und Matrizen fett gedruckt.

a	.....	Beschleunigung
A	.....	Flächeninhalt
$\boldsymbol{A}_{inv}$	.....	Diagonalmatrix der inversen Flächeninhalte
b	.....	Bezeichnung einer Geraden
B	.....	Magnetische Flussdichte
c	.....	Lichtgeschwindigkeit
C	.....	Parameter bei der Beschreibung des Blattverlaufs
D	.....	Drehkraft
e	.....	Fehler bzw. Regelabweichung
$\mathbf{e}$	.....	Einheitsvektor
E	.....	Elektrische Feldstärke
f	.....	Kraftdichte
F	.....	Kraft
g	.....	Erdbeschleunigung
$\boldsymbol{G}$	.....	Matrix der Kraft-Strom-Faktoren
h	.....	Höhe
H	.....	Magnetische Feldstärke
i	.....	Stromstärke
J	.....	Trägheitsmoment

$\boldsymbol{J}$	..... Stromdichte
k	..... Regler-/Beobachterverstärkung bzw. Anzahl der Knoten
K	..... Parameter bei der Beschreibung des Blattverlaufs
$\boldsymbol{K}$	..... Knoten-Zweig-Inzidenzmatrix
l	..... Länge bzw. Abstand
L	..... Induktivität
m	..... Masse bzw. Anzahl der Maschen
$\boldsymbol{M}$	..... Magnetisierung bzw. Maschen-Zweig-Inzidenzmatrix
n	..... Anzahl bzw. Windungszahl
$\boldsymbol{n}$	..... Normalenvektor
P	..... Impuls
$\boldsymbol{q}$	..... Vektor der Lagekoordinaten
r	..... Radius
R	..... (ohmscher bzw. magnetischer) Widerstand
s	..... Eigenwert
S	..... Hüllfläche
$\boldsymbol{S}$	..... Zweig-/Maschen-Spannungs-Belegungsmatrix bzw. Zweig-/Maschen-Strom-Belegungsmatrix
t	..... Zeit
$\boldsymbol{T}$	..... Maxwellscher Spannungstensor
T_a	..... Abtastzeit
u	..... Elektrische Spannung
v	..... Geschwindigkeit
v_s, v_c	..... Koeffizienten einer Fourierreihe
V	..... Volumen bzw. Magnetische Spannung
w	..... Energiedichte
W	..... Messpunkte am Sägeblatt
x	..... Lagekoordinate
y	..... Lagekoordinate
z	..... Lagekoordinate bzw. Anzahl der Zweige
X_{VS}	..... Position der Spindelvorschubachse

α	.....	Winkel
β	.....	langsam veränderliche Störbeschleunigung
γ	.....	Zustandsgrößen zur Beschreibung einer harmonischen Störbeschleunigung
Δ_T	.....	Übergangszeit
ϵ	.....	Dielektrizitätskonstante
ζ	.....	Nummer des Zweigs
θ	.....	Neigungswinkel der Spindel um die z-Achse
κ	.....	Nummer des Knotens
λ	.....	Magnetlagerkonstante
Λ	.....	Funktion der magnetischen Erregung
μ	.....	Permeabilitätskonstante bzw. Nummer der Masche
ϱ	.....	Dichte
ϕ	.....	Drehwinkel der Spindel
Φ	.....	Magnetischer Fluss
ψ	.....	Neigungswinkel der Spindel um die y-Achse
Ψ	.....	Induktionsfluss, verketteter Fluss
ω	.....	Winkelgeschwindigkeit ($\dot{\phi}$)

Abbildungsverzeichnis

Literaturverzeichnis

[1] Schutzrecht EP 2024122-B1 (11. Nov. 2010). Bergvall, J. G. ; Dietz, H. (Erfinder); Esterer WD GmbH (Anmelder).

[2] Betschon, F.: *Design Principles of Integrated Magnetic Bearings*, Swiss Federal Institut of Technology Zürich, Diss., 2000

[3] Collon, C. ; Eckhardt, S. ; Rudolph, J.: A network approach to the modelling of active magnetic bearings. In: *Mathematical and Computer Modelling of Dynamical Systems* 13 (2007), S. 455–469

[4] Schutzrecht DE 102006018267-B4 (14. Aug. 2008). Eckhardt, S. ; Klaucke, C. ; Rudolph, J. (Erfinder); Technische Universität Dresden (Anmelder).

[5] Eckhardt, S. ; Rudolph, J.: High precision synchronous tool path tracking with an AMB machine tool spindle. In: *Proc. 9th Int. Symp. on Magnetic Bearings*, 2004

[6] Schutzrecht DE 10353101-B4 (15. Dez. 2005). Eckhardt, S. ; Rudolph, J. (Erfinder); Technische Universität Dresden (Anmelder).

[7] Eckhardt, S. ; Rudolph, J.: Trajectory Tracking for a Magnetically Levitated Shaft with Three-Phase AMBs in Y-Connection. In: *Proc. 10th Int. Symp. on Magnetic Bearings*, 2006

[8] Schutzrecht DE102008063696-B4 (20. Sept. 2012). Eckhardt, S. ; Rudolph, J. (Erfinder); Esterer WD GmbH (Anmelder).

[9] Frohne, H.: *Elektrische und magnetische Felder*. Stuttgart: B. G. Teubner Stuttgart, 1994 (Leitfaden der Elektrotechnik). – ISBN 3–519–06404–9

[10] Grossmann, K. ; Reinschke, K. ; Mühl, A. ; Rudolph, J. ; Rudolph, H. ; Löser, M. ; Eckhardt, S.: Auslegung aktiv magnetisch gelagerter Werkzeugmaschinen-

Hauptspindeln, Entwurfssystem zur Simulation von Spindel und Zerspanungsprozess. In: *Zeitschrift für wirtschaftlichen Fabrikbetrieb (ZWF)* 101 (2006), S. 486–491

[11] HERRMANN, M.: *Entwurf, Berechnung und Regelung magnetischer Reluktanzaktoren.* München, Technische Universität München, Diss., 2008

[12] JACKSON, J. D.: *Klassische Elektrodynamik.* 4., überarbeitete Auflage. Berlin: Walter de Gruyter GmbH & Co. KG, 2006. – ISBN 978–3–11–018970–4

[13] KALLENBACH, E. ; EICK, R. ; QUENDT, P. ; STRÖHLA, T. ; FEINDT, K. ; KALLENBACH, M.: *Elektromagnete – Grundlagen, Berechnung, Entwurf und Anwendung.* 3., bearbeitete und ergänzte Auflage. Wiesbaden: Vieweg Teubner | GWV Fachverlage GmbH, 2008. – ISBN 978–3–8351–0138–8

[14] KLAUCKE, C. ; ECKHARDT, S. ; RUDOLPH, J.: Modeling and Control of an Axial Bearing Generating Forces and Torques. In: *Proc. 10th Int. Symp. on Magnetic Bearings*, 2006

[15] KÜPFMÜLLER, K. ; MATHIS, W. ; REIBIGER, A.: *Theoretische Elektrotechnik.* 18. Auflage. Heidelberg: Springer Verlag Berlin, 2008. – ISBN 978–3–540–78589–7

[16] LÉVINE, J. ; LOTTIN, J. ; PONSART, J.-C.: A nonlinear approach to the control of magnetic bearings. In: *IEEE Trans. Control Systems Technology* 4 (1996), Nr. 5, S. 524–544

[17] LÖWIS, J. von: *Flachheitsbasierte Trajektorienfolgeregelung elektromechanischer Systeme.* Aachen, Shaker Verlag GmbH, Diss., 2002

[18] LUNZE, K.: *Einführung in die Elektrotechnik.* 13., durchgesehene Auflage. Berlin: Verlag Technik GmbH Berlin, 1991. – ISBN 3–341–00980–9

[19] MEEKER, D.: *Finite Element Method Magnetics, Version 4.2, User's Manual*, October 2010

[20] MÖLLER, B.: *Unrundausdrehen mit aktiv magnetgelagerter Hauptspindel bei hohen Schnittgeschwindigkeiten*, Carl Hanser Verlag München, Wien, Diss., 1994

[21] MÜLLER, G.: *Elektrische Maschinen. Betriebsverhalten rotierender elektrischer Maschinen.* 2. durchgesehene Auflage. Berlin: VEB Verlag Technik, 1990. – ISBN 3–341–00826–8

[22] NÖSTLER, M.: Kleine Ursache, aber große Wirkung. In: *Holzkurier* (2012), Dez., Nr. 51-52, S. 34–35

[23] NÖSTLER, M.: Lehren und Staunen. In: *Holzkurier* (2012), Dez., Nr. 51-52, S. 31

[24] NÖSTLER, M.: Einen Schritt weiter. In: *Holzkurier* (2013), Sept., Nr. 37, S. 10–11

[25] PLACKNER, H.: Schnell wie eine Profilierlinie. In: *Holzkurier* (2011), März, Nr. 9, S. 9

[26] REINSCHKE, K.: On network models and the symbolic solution of network equations. In: *International Journal of Applied Mathmatics and Computer Science* Vol. 11 (2001), Nr. 1, S. 237–269

[27] REINSCHKE, K. ; SCHWARZ, P.: *Verfahren zur rechnergestützten Analyse linearer Netzwerke*. Berlin: Akademie-Verlag, 1976

[28] RUDOLPH, J. ; WOITTENNEK, F. ; LÖWIS, J. von: Zur Regelung einer elektromagnetisch gelagerten Spindel. In: *at - Automatisierungstechnik* 48 (2000), S. 399–406

[29] SCHWEITZER, G. ; MASLEN, E. H. u. a.: *Magnetic Bearings – Theorie, Design, and Application to Rotating Machinery*. Heidelberg: Springer Verlag Berlin, 2009. – ISBN 978–3–642–00496–4

[30] SCHWEITZER, G. ; TRAXLER, A. ; BLEULER, H.: *Magnetlager; Grundlagen, Eigenschaften und Anwendungen berührungsfreier elektromagnetischer Lager*. Heidelberg: Springer Verlag Berlin, 1993

[31] SIMONYI, K.: *Theoretische Elektrotechnik*. 10. Auflage. Leipzig; Berlin; Heidelberg: Barth Verlagsgesellschaft mbH, 1993. – ISBN 3–335–00375–6

[32] WUNSCH, G.: *Feldtheorie*. Bd. 2, Elektromagnetische Felder. 1. Auflage. Berlin: VEB Verlag Technik, 1975